Pedro Claudio Rodríguez

MANUAL DE SOLDADURA

Soldadura Eléctrica, MIG y TIG

2 da. Edición

Libreria y Editorial Alsina

Parana 137 -buenos aires -
argentina tel.(54)(011)4373-2942 y
telefax (54)(011)4371-9309

Rodríguez, Pedro Claudio
Manual de soldadura : 2º ed.-Buenos Aires:
Librería y Editorial Alsina, 2004.
64 p. ; 18x13 cm.

ISBN 950-553-070-6

1. Soldaduras . I. Título
CDD 671.51

Fecha de catalogación: 30-09-04

Diseño de Tapa, diagramación, gráficas y armado
de interior:
Pedro Claudio Rodríguez
Telefax: (54) (011) 4372-3336
Celular: (15) 4444-9236

INDICE GENERAL

CAPITULO 1

INTRODUCCION

Descripción histórica

El término soldadura lo podemos definir como la unión mecánicamente resistente de dos o más piezas metálicas diferentes. La primera manifestación de ello, aunque poco tiene que ver con los sistemas modernos, se remonta a los comienzos de la fabricación de armas. Los trozos de hierro por unir eran calentados hasta alcanzar un estado plástico, para ser así fácilmente deformados por la acción de golpes sucesivos. Mediante un continuo golpeteo se hacía penetrar parte de una pieza dentro de la otra. Luego de repetitivas operaciones de calentamiento, seguidos de un martilleo intenso, se lograba una unión satisfactoria. Este método, denominado "caldeado", se continuó utilizando hasta no hace mucho tiempo, limitando su uso a piezas de acero forjable, de diseño sencillo y de tamaño reducido.

Los diversos trozos o piezas metálicas que se deseen fijar permanentemente entre si, deben ser sometidas a algún proceso que proporcione uniones que resulten lo más fuertes posibles. Es aquí cuando para tal fin, los sistemas de soldadura juegan un papel primordial.

El calor necesario para unir dos piezas metálicas puede obtenerse a través de distintos medios. Podemos definir dos grandes grupos. Los sistemas de calentamiento por combustión con oxígeno de diversos gases (denominados soldadura por gas), y los de calentamiento mediante energía eléctrica (por inducción, arco, punto, etc.).

Las uniones logradas a través de una soldadura de cualquier tipo, se ejecutan mediante el empleo de una fuente de calor (una llama, un sistema de inducción, un arco eléctrico, etc.).

Para rellenar las uniones entre las piezas o partes a soldar, se utilizan varillas de relleno, denominadas material de aporte o electrodos, realizadas con diferentes aleaciones, en función de los metales a unir. En la soldadura, las dos o más piezas metálicas son calentadas junto con el material de aporte a una temperatura correcta, entonces fluyen y se funden conjuntamente. Cuando se enfrían, forman una unión permanente. La soldadura así obtenida, resulta tan o más fuerte que el material original de las piezas, siempre y cuando la misma esté realizada correctamente.

Reseña histórica

Resulta dificultoso determinar con exactitud en que país y en que momento se han desarrollado ciertas técnicas de soldadura en particular, ya que la experimentación ha sido simultánea y contínua en diversos lugares. Aunque los trabajos con metales han existido desde hace siglos, los métodos tal cual como los conocemos hoy, datan desde el principio de este siglo.

En 1801, el inglés Sir H. Davy descubrió que se podía generar y mantener un arco eléctrico entre dos terminales.

En 1835, E. Davey, en Inglaterra, descubrió el gas acetileno, pero para dicha época su fabricación resultaba muy costosa. Recién 57 años después (1892), el canadiense T. L. Wilson descubrió un método económico de fabricación. El francés H. E. Chatelier, en 1895, descubrió la combustión del oxígeno con el acetileno, y en 1900, los también franceses E. Fouch y F. Picard desarrollaron el primer soplete de oxiacetileno.

En el año 1881, el francés De Meritens logró con éxito soldar diversas piezas metálicas empleando un arco eléctrico entre carbones, empleando como suministro de corriente acumuladores de plomo. Este fue el puntapié inicial de muchas experiencias para intentar reemplazar el caldeado en fragua por este nuevo sistema. La gran dificultad hallada para forjar materiales ferrosos con elevado contenido de carbono (aceros), motivó diversos trabajos de investigación de parte de los ingenieros rusos S. Olczewski y F. Bernardos, los que resultaron exitosos recién en el año 1885. En dicho año se logró la unión en un punto definido de dos piezas metálicas por fusión. Se utilizó corriente contínua, produciendo un arco desde la punta de una varilla de carbón (conectada al polo positivo) hacia las piezas a unir (conectadas al polo negativo). Dicho arco producía suficiente calor como para provocar la fusión de ambos metales en el plano de unión, que al enfriarse quedaban mecánicamente unidos.

El operario comenzaba el trabajo de soldadura apoyando el electrodo de carbón, el que estaba provisto de un mango aislante, sobre la parte por soldar hasta producir chisporroteo, y alejándolo de la pieza hasta formar un arco eléctrico contínuo. Para lograr dicho efecto, se debía aplicar una diferencia de potencial suficiente para poder mantener el arco eléctrico a una distancia relativamente pequeña. Una vez lograda la fusión de los metales en el punto inicial de contacto, se comenzaba el movimiento de traslación del electrodo hacia el extremo opuesto, siguiendo el contorno de los metales por unir, a una velocidad de traslación uniforme y manteniendo constante la longitud del arco producido, lo que es equivalente a decir mantener fija la distancia entre el electrodo y la pieza.

Las experiencias que necesariamente se realizaron para determinar las condiciones óptimas de trabajo para lograr una unión metálica sin defectos, permitieron verificar desde aquel entonces que con el arco eléctrico se podía cortar metal o perforarlo en algún sitio deseado.

Los trabajos de soldadura efectuados no eran eficientes, ya que resultaba difícil gobernar el arco eléctrico, debido a que este se generaba en forma irregular. Continuando con los ensayos en función de obtener mejores resultados, se obtuvo un éxito concluyente al invertir la polaridad de los electrodos (pieza conectada al positivo), debido a que en estas condiciones el arco no se genera desde cualquier punto del electrodo de carbón, sino sólo desde la punta, es decir, en el mismo plano de la unión.

El comportamiento del arco, según la polaridad elegida, llevó en 1889 al físico alemán, el doctor H. Zerener, a ensayar un tipo de soldadura por generación de un arco eléctrico entre dos electrodos de carbón. Como bajo estas condiciones no se lograba buena estabilidad en el arco producido, adicionó un electroimán, el cual actuaba sobre el mismo dirigiéndolo magnéticamente en el sentido deseado. Ello producía sobre el arco eléctrico un efecto de soplado. Por este motivo se denominó a este tipo de soldadura por arco soplado, encontrándose interesantes aplicaciones en procesos automáticos para chapas de poco espesor. El flujo del arco se regulaba con facilidad, variando la corriente de excitación I_e del electroimán, y por ende variando el campo magnético producido (fig. 1.1). El arco eléctrico resultante era de gran estabilidad. Los dos electrodos de carbón (1) y el electroimán (2) eran parte de un solo conjunto portátil.

El metal utilizado como aporte surgía de una tercer varilla metálica (3), la cual se ubicaba por debajo del arco, más cerca de la pieza. Con el calor producido, se fundía el metal de base (5) conjuntamente con el aporte de la varilla, generando la unión (4).

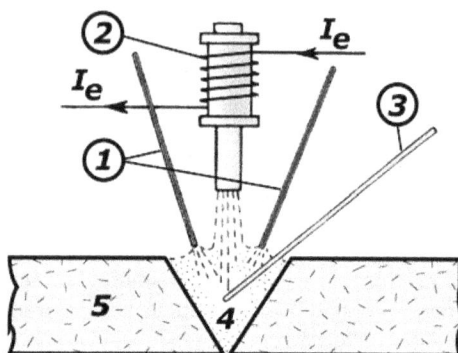

Fig. 1.1 Soldadura por arco soplado (Método Zerener)

Este sistema fue utilizado industrialmente por primera vez en el año 1899 por la firma Lloyd & Lloyd de Birmingham (Inglaterra), para soldar caños de hierro de 305 mm de diámetro, los que luego de soldados eran capaces de soportar una prueba hidráulica de 56 atmósferas.

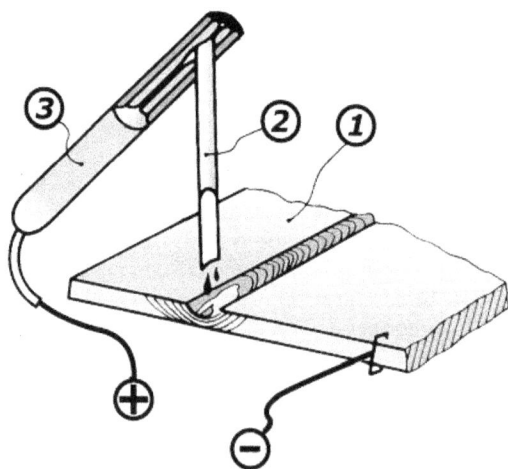

Fig. 2.1 Soldadura por arco con electrodos metálicos

Se trabajaba empleando 3 dínamos de 550 Amperes cada uno y con un potencial de 150 Volts, los cuales cargaban una batería de 1.800 acumuladores Plantè, destinados a proveer una fuerte corriente en un breve lapso de tiempo.

En los Estados Unidos, en 1902, la primer fábrica que comenzó a utilizar industrialmente la soldadura por arco con electrodo de carbón fue The Baldwin Locomotive Works.

El excesivo consumo de electrodos de carbón y el deseo de simplificar los equipos de soldadura, hicieron que en el año 1891, el ingeniero ruso N. Slavianoff sustituyera los electrodos de carbón por electrodos de metal (fig. 1.2). Este cambio produjo mejoras en las uniones de los metales (a nivel metalográfico), al evitar la inclusión de partículas de carbón (aportadas por los mismos electrodos antes utilizados) dentro de la masa de metal fundido, y luego retenidas en la misma al solidificarse.

El método Slavianoff, con algunas mejoras técnicas implementadas en 1892 por el estadounidense C. L. Coffin (quien logró desarrollar el método de soldadura por puntos), ha sido usado hasta la fecha y es la soldadura por arco conocida en la actualidad. A partir de las determinaciones de Slavianoff se continuaron empleando indistintamente electrodos de carbón y/o metálicos.

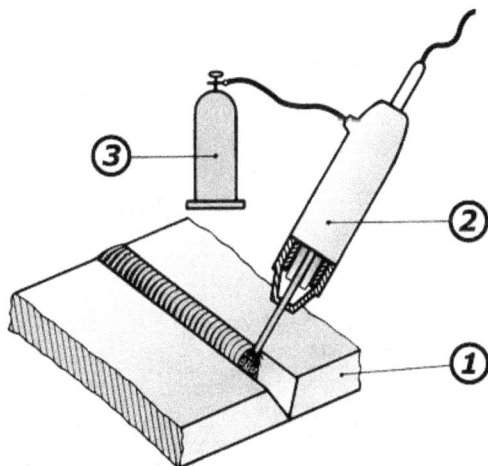

Fig. 1.3 Soldadura por arco con atmósfera de gas (Método Alexander)

En el año 1910 se abandonó definitivamente el electrodo de carbón. Se comenzaron a utilizar electrodos de hierro sin recubrir, pero se obtuvieron resultados deficientes debido a la poca resistencia a la tracción y a su reducida ductilidad.

La nociva acción de la atmósfera (oxidación acelerada por el calentamiento) sobre los electrodos sin recubrir durante la formación del arco, llevó a los investigadores a tratar de solucionar dichos inconvenientes. Una de las primeras experiencias en busca de evitar dicho problema, se debió a los ensayos realizados por Alexander, quien pensó en eliminar la acción perniciosa del oxígeno que rodeaba al arco, haciendo que este último se produjera en una atmósfera de gas protector (fig. 1.3 en pág. 5), donde se observa el metal base a soldar (1), el portaelectrodo con el electrodo ubicado (2), y el abastecimiento de gas (3). Alexander ensayó con diversos gases, logrando buenos resultados con el metanol, pero este requería de un complejo equipamiento, por lo que lo hacía poco viable. Retomando y modificando la idea original de Alexander, en 1907 O. Kjellberg, revistió los electrodos con material refractario aglomerado, rodeando el electrodo con una sustancia sólida que poseía idéntico punto de fusión que el metal de aporte.

Al producirse el arco eléctrico, ambas, se fundirían simultáneamente, formando una cascarilla sobre el metal fundido brindando la adecuada

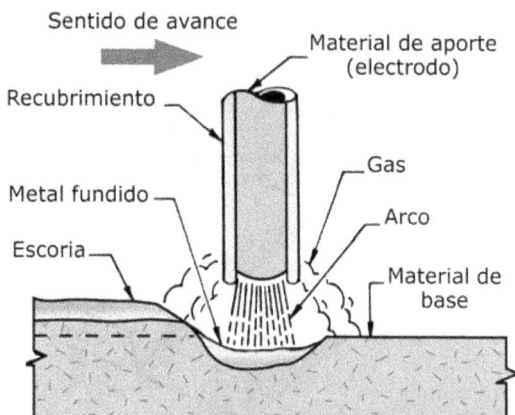

Fig. 1.4 Electrodo metálico con recubrimiento en plena acción

protección contra el oxígeno del ambiente en la etapa de enfriamiento. En 1908, N. Bernardos desarrolló un sistema de electroescoria que se volvió muy popular en su momento.

Los electrodos fusionables, fueron mejorados nuevamente en 1914 por su creador, el sueco O. Kjellberg junto al inglés A. P. Strohmenger. Quedaron constituidos por una varilla de una aleación metálica (metal de aporte) y un recubrimiento especial a base de asbesto, tal como los que se utilizan en la actualidad (fig. 1.4).

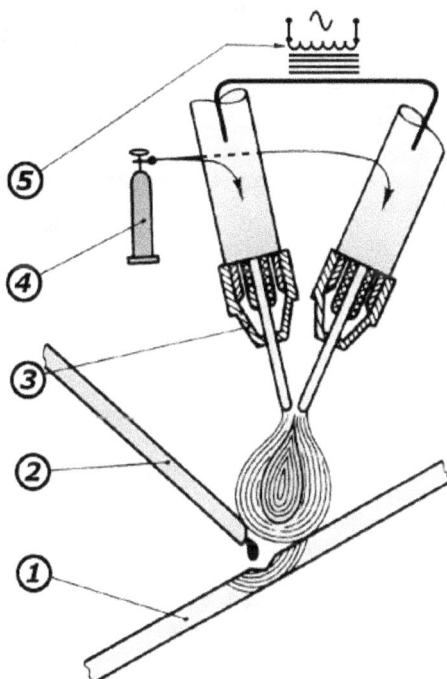

Fig. 1.5 Soldadura atómica con atmósfera de H_2 (Método Langmuir)

En 1930, los estadounidenses H. M. Hobart y P. K. Devers desarrollaron el sistema de soldadura con gas inerte, y basado en ello, el doctor Orving Langmuir, ideó la soldadura atómica de hidrógeno. En ésta, el arco se produce entre dos electrodos insolubles de tungsteno, en una atmósfera de hidrógeno soplando sobre el arco. En la figura 1.5 se observa la fuente eléctrica (5), la provisión de hidrógeno a presión (4), los electrodos de tungsteno (3), el material de aporte (2) y el material a soldar (1). Por acción térmica, el hidrógeno molecular se descompone en hidrógeno atómico, el que vuelve a su estado primitivo una vez atravesado el arco, transfiriendo el calor de recombinación a las piezas por soldar. Este método se emplea en la actualidad para soldar chapas delgadas.

Una variedad del sistema anterior, fue desarrollado en 1942 por el norteamericano R. Meredith (creador del soplete para TIG) y en 1948 por diversos ingenieros (desarrollo del sistema MIG), incluyen las soldaduras por arco en atmósfera de helio o argón, ambos gases inertes que alejan el oxígeno de la zona por soldar. En estos casos, el gas rodea al electrodo de tungsteno, mientras un electrodo o varilla (en caso de ser necesario), provee el metal de aporte o de relleno (fig. 1.6).

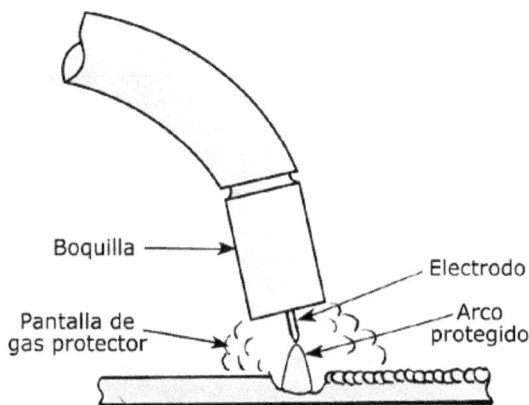

Fig. 1.6 Esquema de un sistema de soldadura bajo gas protector

Este sistema se utiliza para soldar con éxito aleaciones de magnesio y algunas aleaciones livianas.

Los progresos logrados en la industria electrónica, permitieron utilizar dichos adelantos para desarrollar así la soldadura por resistencia (a tope, continua y por puntos); la soldadura por inducción para materiales conductores del calor; la soldadura dieléctrica para los no conductores y, finalmente, la alumino-térmica, que resulta una combinación de un sistema de calentamiento con el procedimiento Slavianoff.

La variedad de aplicaciones industriales de los sistemas de soldadura llegaron a un grado tal que inclusive han sustituido en la mayoría de los casos al tradicional forjado y remachado. No solamente significaba una operación más sencilla y rápida, sino que la eliminación del remachado permitió reducir el peso de las construcciones metálicas, al simplificar sus estructuras. La soldadura asegura una reducción de costos apreciable con respecto a los métodos de construcción y reparación empleados antiguamente. Se han resuelto problemas de estanqueidad y rigidez, eliminándose las vibraciones (de difícil resolución en uniones remachadas).

La soldadura eléctrica usada en la actualidad, era desconocida a fines del siglo pasado. Muchas circunstancias influyeron en el extraordinario desarrollo adquirido por la misma. La carrera armamentista, potencializó el desarrollo en los centros de investigación científicos y técnicos, estudios que se cristalizaron en las novedades utilizadas por las distintos países durante la Segunda Guerra Mundial.

Alcances

Se comprenderá ahora que las aplicaciones de la soldadura, en general, son ilimitadas. No basta con conocer sólo las normas para aplicarlas, sino que resulta necesario ahondar en los principios que rigen los distintos fenómenos que se producen en la estructura metalográfica.

En este manual, nos dedicaremos a detallar con la mayor extensión posible, los sistemas de soldadura eléctrica, poniendo mayor insistencia en los aspectos prácticos, para que cualquiera que desee incursionar o perfeccionarse en este tema, pueda realizarlo sin mayores tropiezos.

La soldadura en general intimida a mucha gente, aunque no debería ser así. Resulta bastante simple su ejecución, siempre que se sepa sacar ventaja del efecto que la temperatura produce sobre cada metal en particular. El principal secreto radica en ser metódico respecto a los procedimientos a seguir. La habilidad del operario para realizar algún tipo de soldadura luego de una extensa práctica y prueba, dependerá de la coordinación que el mismo tenga entre su mano y la vista. Si la coordinación es buena, no se tendrán mayores problemas para poder aprender y ejecutar buenos trabajos en esta área.

Equipo de seguridad mínimo

Para realizar cualquier tipo de soldadura eléctrica, el operario deberá contar con el equipo de protección necesario. Este cumple con la función de proteger al soldador de las chispas y el calor, y de la luz intensa producida durante el proceso de soldadura eléctrica. Las reglas de seguridad que siempre deben ser cumplidas son las siguientes, a saber:

1. Utilizar siempre máscara o casco con vidrios del grado de protección correcto.
2. Antes de comenzar a soldar, examinar si los lentes protectores del casco no posee grietas o fisuras.
3. Utilizar siempre ropa resistente, junto con delantal de cuero o descarne con protección de plomo. Cubrir el cuerpo y los brazos con ropas pesadas y totalmente abotonadas.
4. Antes de comenzar a soldar, comprobar que las demás personas estén protegidas contra las radiaciones que se desprenderán por efecto del arco eléctrico.
5. Utilizar una pantalla no reflectante para proteger a las personas que trabajan cerca de usted de los destellos luminosos. Nunca comience a soldar cerca de una persona que no esté protegida.
6. Utilizar ropas de color oscuro, ya que las de color claro reflejarán la luz del arco eléctrico.
7. Nunca trabajar en un lugar húmedo o con agua, ya que se producirían descargas eléctricas a tierra a través del operario.
8. Compruebe que la pieza y/o el banco de trabajo estén conectados eléctricamente a tierra.

CAPITULO 2

SOLDADURA POR ARCO PROTEGIDO

Introducción

El sistema de soldadura por arco eléctrico es uno de los procesos por fusión para unir piezas metálicas. Mediante la aplicación de un calor intenso, el metal en la unión de dos piezas es fundido causando una mezcla de las dos partes fundidas entre sí, o en la mayoría de los casos, junto con un aporte metálico fundido. Luego del enfriamiento y solidificación del material fundido, se obtuvo mediante este sistema una unión mecánicamente resistente. Por lo general, la resistencia a la tensión y a la rotura del sector soldado es similar o mayor a la del metal base.

En este tipo de soldadura, el intenso calor necesario para fundir los metales es producido por un arco eléctrico. Este se forma entre las piezas a soldar y el electrodo, el cual es movido manualmente o mecánicamente a lo largo de la unión (puede darse el caso de un electrodo estacionario o fijo y que el movimiento se le imprima a las piezas a soldar). El electrodo puede ser de diversos tipos de materiales. Independientemente de ello, el propósito es trasladar la corriente en forma puntual a la zona de soldadura y mantener el arco eléctrico entre su punta y la pieza. El electrodo utilizado, según su tipo de naturaleza, puede ser consumible, fundiéndose y aportando metal de aporte a la unión. En otros casos, cuando el electrodo no se consume, el material de aporte deberá ser adicionado por separado en forma de varilla.

En la gran mayoría de los casos en que se requiera hacer soldaduras en hierros, aceros al carbono y aceros inoxidables, son de uso común los electrodos metálicos recubiertos.

Equipo eléctrico básico para Soldadura por Arco

En la soldadura, la relación entre la tensión o voltaje aplicado y la corriente circulante es de suma importancia. Se tienen dos tensiones.

Una es la tensión en vacío (sin soldar), la que normalmente está entre 70 a 80 Volt. La otra es la tensión bajo carga (soldando), la cual puede poseer valores entre 15 a 40 Volt. Los valores de tensión y de corriente variarán en función de la longitud del arco. A mayor distancia, menor corriente y mayor tensión, y a menor distancia, mayor corriente con tensión más reducida.

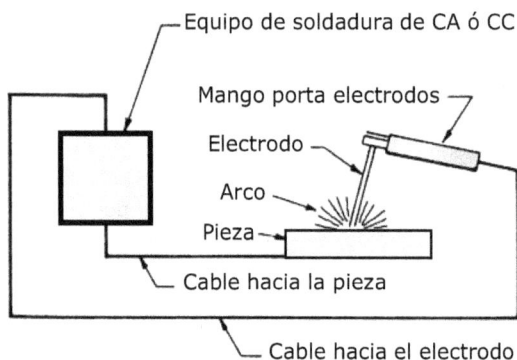

Fig. 2.1 Circuito básico para soldar por arco eléctrico

El arco se produce cuando la corriente eléctrica entre los dos electrodos circula a través de una columna de gas ionizado llamado "plasma". La circulación de corriente se produce cumpliendo el mismo principio que en los semiconductores, produciéndose una corriente de electrones (cargas negativas) y una contracorriente de huecos (cargas positivas). El "plasma" es una mezcla de átomos de gas neutros y excitados. En la columna central del "plasma", los electrones, iones y átomos se encuentran en un movimiento acelerado, chocando entre sí en forma constante. La parte central de la columna de "plasma" es la más caliente, ya que el movimiento es muy intenso. La parte externa es mas fría, y está conformada por la recombinación de moléculas de gas que fueron disociadas en la parte central de la columna.

Los primeros equipos para soldadura por arco eran del tipo de corriente constante. Han sido utilizados durante mucho tiempo, y aún se utilizan para Soldadura con Metal y Arco Protegido (SMAW siglas del inglés Shielded Metal Arc Welding), y en Soldadura de Arco de Tungsteno con

Gas (GTAW siglas del inglés Gas-Tungsten Arc Welding), porque en estos procesos es muy importante tener una corriente estable.

Para lograr buenos resultados, es necesario disponer de un equipo de soldadura que posea regulación de corriente, que sea capaz de controlar la potencia y que resulte de un manejo sencillo y seguro. Podemos clasificar los equipos para soldadura por arco en tres tipos básicos:

1. Equipo de Corriente Alterna (CA).
2. Equipo de Corriente Continua (CC).
3. Equipo de Corriente Alterna y Corriente Continua combinadas.

Ahora detallaremos uno por uno los equipos enunciados previamente.

1. Equipo de Corriente Alterna: Consisten en un transformador. Transforman la tensión de red o de suministro (que es de 110 ó 220 Volt en líneas monofásicas, y de 380 Volt entre fases de alimentación trifásica) en una tensión menor con alta corriente. Esto se realiza internamente, a través de un bobinado primario y otro secundario devanados sobre un núcleo o reactor ferromagnético con entrehierro regulable.

2. Equipo de Corriente Continua: Se clasifican en dos tipos básicos: los generadores y los rectificadores. En los generadores, la corriente se produce por la rotación de una armadura (inducido) dentro de un campo eléctrico. Esta corriente alterna trifásica inducida es captada por escobillas de carbón, rectificándola y convirtiéndola en corriente Continua. Los rectificadores son equipos que poseen un transformador y un puente rectificador de corriente a su salida.

3. Equipo de Corriente Alterna y Corriente Continua: Consisten en equipos capaces de poder proporcionar tanto CA como CC. Estos equipos resultan útiles para realizar todo tipo de soldaduras, pero en especial para las del tipo TIG ó GTAW.

Es importante en el momento de decidirse por un equipo de soldadura, tener en cuenta una serie de factores importantes para su elección.

Uno de dichos factores es la corriente de salida máxima, la que estará ligada al diámetro máximo de electrodo a utilizar. Con electrodos de poco diámetro, se requerirá de menor amperaje (corriente) que con electrodos de mayor diámetro. Una vez elegido el diámetro máximo de electrodo, se debe tener en cuenta el Ciclo de Trabajo para el cual fue diseñado el equipo. Por ejemplo, un equipo que posee un ciclo de trabajo del 30 % nos está indicando que si se opera a máxima corriente, en un lapso de 10 minutos, el mismo trabajará en forma Continua durante 3 minutos y deberá descansar los 7 minutos restantes. En la industria, el ciclo de trabajo más habitual es de 60 %.

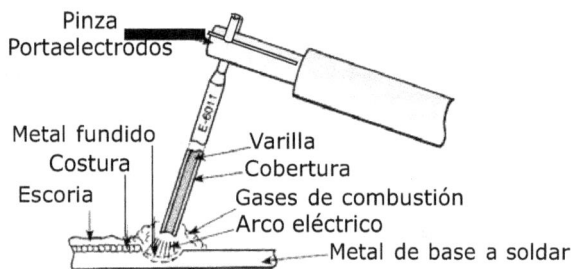

Pinza
Portaelectrodos

Metal fundido
Costura
Escoria

Varilla
Cobertura
Gases de combustión
Arco eléctrico
Metal de base a soldar

Fig. 2.2 Esquema de un electrodo revestido en plena tarea

Ignorar el Ciclo de Trabajo, puede traer problemas de producción por excesivos tiempos muertos o bien terminar dañando el equipo por sobrecalentamiento excesivo.

Se deberá tener en cuenta que al trabajar con bajas tensiones y muy altas corrientes, todos los posibles falsos contactos que existan en el circuito, se traducirán en calentamiento y pérdida de potencia. Para evitar dichos inconvenientes, se mencionan posibles defectos a evitar, a saber:

1. Defectos en la conexión del cable del electrodo al equipo.
2. Sección del cable de electrodo demasiado pequeña, ocasionando sobrecalentamiento del mismo.
3. Fallas en el conductor (roturas, envejecimiento, etc.).
4. Defectos en la conexión del cable del equipo al portaelectrodo.
5. Portaelectrodo defectuoso (falso contacto).
6. Falso contacto entre el portaelectrodo y el electrodo.
7. Sobrecalentamiento del electrodo.
8. Longitud incorrecta del arco.

9. Falso contacto entre las partes o piezas a soldar.
10. Conexión defectuosa entre la pinza de tierra y la pieza a soldar.
11. Sección del cable de tierra demasiado pequeña.
12. Mala conexión del cable de tierra con el equipo.

Una vez analizados hasta aquí los aspectos eléctricos, veremos ahora las características de los electrodos.

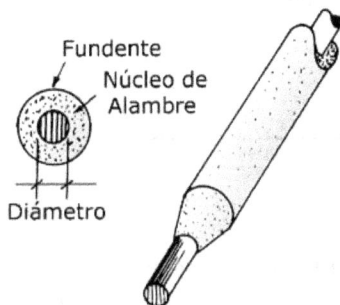

Fig. 2.3 Medidas de los electrodos

La medida del electrodo a utilizar depende de los siguientes factores:

1. Espesor del material a soldar.
2. Preparación de los bordes o filos de la unión a soldar.
3. La posición en que se encuentra la soldadura a efectuar (plana, vertical, horizontal, sobre la cabeza).
4. La pericia que posea el soldador.

El amperaje a utilizar para realizar la soldadura dependerá de:

1. Tamaño del electrodo seleccionado.
2. El tipo de recubrimiento que el electrodo posea.
3. El tipo de equipo de soldadura utilizado (CA; CC directa e inversa).

Los electrodos están clasificados en base a las propiedades mecánicas del tipo de metal que conformará la soldadura (fig. 2.3; denominado como núcleo de alambre), del tipo de cobertura o revestimiento que posea, de la posición en que el mismo deba ser utilizado y del tipo de corriente que se le aplicará al mismo. Las especificaciones requieren que el diámetro del núcleo de alambre no deberá variar en más de 0,05 mm de su diámetro, y el recubrimiento deberá ser concéntrico con el diámetro del alambre central. Durante años, el sistema de identificación fue utilizar puntos de colores cerca de la zona de amarre al portaelectrodo (zona sin recubrimiento). En la actualidad, algunas especificaciones requieren de un número clasificatorio o código, el que se imprime sobre el revestimiento la cobertura, cerca del final del electrodo (fig. 2.4).

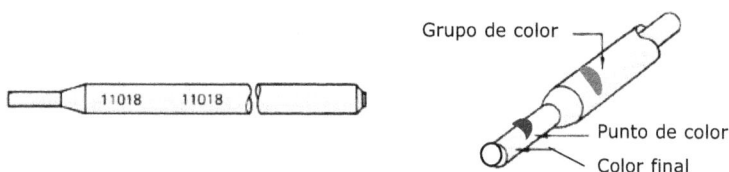

Fig. 2.4 Electrodos con identificación de colores y códigos impresos

A pesar de ello, el código de colores se encuentra aún en uso en electrodos de poco diámetro, en los que no permite imprimir códigos por no tener el espacio suficiente, o en electrodos extrudados con alta velocidad de producción. Todos los electrodos para hierro, acero al carbono y acero aleado son clasificados con un número de 4 ó de 5 dígitos, antepuestos por la letra E. Los dos primeros números indican la resistencia al estiramiento mínima del metal depositado en miles de psi (del inglés Pound per Square Inch; libra por pulgada cuadrada). El tercer dígito indica la posición en la cual el electrodo es capaz de realizar soldaduras satisfactorias:

(1)   Cubre todas las posiciones posibles.
(2)   Para posiciones Plana y Horizontal únicamente.

El último dígito indica el tipo de corriente que debe usarse y el tipo de cobertura. Todos estos datos se detallan en forma grupal en la Tabla 2.1 y Tabla 2.2.

Por ejemplo, un electrodo identificado con E7018   nos está indicando una resistencia al estiramiento de 70.000 psi mínimo, capaz de poderse utilizar en todas las posiciones de soldadura con CC (corriente positiva) ó CA, teniendo una cobertura compuesta de polvo de hierro y bajo hidrógeno. En el caso de números identificatorios de cinco cifras, daremos el ejemplo de E11018, en el cual los tres primeros números indican la resistencia al estiramiento mínima, que en este caso es de 110.000 psi. Se puede tener una terminación compuesta de una letra y un número (por ejemplo A1; B2; C3; etc.), la cual indica aproximadamente el contenido de la aleación del acero depositado mediante el proceso de soldadura. Este valor también se encuentra detallado en la Tabla 2.1. La forma de clasificar los electrodos es la norma AWS A5.1. Esta norma utiliza medidas inglesas. La norma CSA W48-1M 1980 utiliza como medidas el sistema internacional SI. Por lo tanto, la resistencia a la tracción en el sistema CSA se expresa en kiloPascales (kPa) o megaPascales (MPa). En el caso del electrodo E7024, la resistencia a la tracción de 70.000 psi equivale a 480.000 kPa ó 480 MPa. Con la especificación CSA, el E7024 se

TABLA 2.1 Especificaciones AWS A5.1-69 y A5.5-69	
a.	La letra E antepuesta a las cuatro o cinco cifras identifica a los electrodos aptos para soldadura por arco.
b.	Los primeros dos números de los cuatro o los tres números de los cinco indican la resistencia mínima a la tracción.
	E60XX 60.000 psi mínimo.
	E70XX 70.000 psi mínimo.
	E110XX 70.000 psi mínimo.
c.	El próximo dígito indica las posiciones posibles de soldadura.
	EXX1X Todas las posiciones.
	EXX2X Plana y horizontal solamente.
d.	La letra con un número final (por ejemplo EXXXX-A1) indica la aleación aproximada del metal depositado por soldadura.
	• A1 0,5% Mo
	• B1 0,5% Cr; 0,5% Mo
	• B2 1,25% Cr; 0,5% Mo
	• B3 2,25% Cr; 1% Mo
	• B4 2% Cr; 0,5% Mo
	• B5 0,5% Cr; 1% Mo
	• C1 2,5% Ni
	• C2 3,25 Ni
	• C3 1% Ni; 0,35% Mo; 0,15% Cr
	• D1 y D2 0,25-0,45% Mo; 1,75% Mn
	• G 0,5% ñ Ni; 0,3% ñ Cr; 0,2% ñ Mo; 0,1% ñ V; 1% ñ Mn (sólo un elemento de la lista)

expresa como E48024. En ambos casos, las características del electrodo deberán ser las mismas. La diferencia en la nomenclatura responde a distintos tipos de unidades entre las normas AWS y CSA.

TABLA 2.2	Especificaciones AWS A5.1-69	
Código	**Corriente**	**Cobertura**
EXX10	CC (–) solamente	Orgánica
EXX11	CA ó CC (+)	Orgánica
EXX12	CA ó CC (–)	Rutílica
EXX13	CA ó CC (±)	Rutílica
EXX14	CA ó CC (±)	Rutilo-Hierro 30%
EXX15	CC (–) solamente	Bajo hidrógeno
EXX16	CA ó CC (+)	Bajo hidrógeno
EXX18	CA ó CC (+)	Bajo H_2-Hierro 25%
EXX20	CA ó CC (±)	Alto óxido férrico
EXX24	CA ó CC (±)	Rutilo-Hierro 50%
EXX27	CA ó CC (±)	Mineral-Hierro 50%
EXX28	CA ó CC (+)	Bajo H_2-Hierro 50%

Se podrá comprobar en la práctica que la cobertura del electrodo para soldadura por arco posee una gran influencia sobre los resultados obtenidos. El tercero y el cuarto dígito en una designación de electrodos de cuatro números (el cuarto y el quinto en una de cinco números) le informa al soldador experimentado sobre las características de uso. Las funciones de la cobertura de un electrodo son las siguientes, a saber:

- Proveer una máscara de gases de combustión que sirvan de protección al metal fundido para que no reaccione con el oxígeno y el nitrógeno del aire.
- Proveer un pasaje de iones para conducir corriente eléctrica desde la punta del electrodo a la pieza, ayudando al mantenimiento del arco.
- Proveer material fundente para la limpieza de la superficie metálica a soldar, eliminando a los óxidos en forma de escorias que serán removidas una vez terminada la soldadura.
- Controlar el perfil de la soldadura, en especial en las soldaduras de filete o esquineras.
- Controlar la rapidez con que el aporte del electrodo se funde.

- Controlar las propiedades de penetración del arco eléctrico.
- Proveer material de aporte, el cual se adiciona al que se aporta del núcleo del electrodo.
- Adicionar materiales de aleación en caso que se requiera una composición química determinada.

Algunos de los componentes de la cobertura del electrodo que producen vapores o gases de protección bajo la acción del calor del arco eléctrico son materiales celulósicos, como algodón de celulosa o madera en polvo. Los gases producidos son dióxido de carbono, monóxido de carbono, hidrógeno y vapor de agua.

Los componentes de la cobertura que tienen por finalidad evitar los óxidos en la soldadura son el manganeso, el aluminio y el silicio. Las coberturas son aprovechadas para incluir elementos en aleación con el material de aporte o de relleno. De hecho, el polvo de hierro es muy utilizado en las coberturas de los electrodos para soldadura por arco. Dando otro ejemplo, la cobertura de un electrodo puede ser el proveedor de metales tales como manganeso, cromo, níquel y molibdeno, los que una vez fundidos y mezclados con el alma de acero del electrodo forman una aleación durante el proceso de soldadura.

Debido a las composiciones químicas que los electrodos poseen en su superfice, pueden absorver humedad del ambiente. Por dicho motivo, es recomendable almacenar los mismos en lugares secos, libres de humedad. Igualmente, existen hornos eléctricos para el secado previo de los electrodos, para asegurarse de esta forma que las condiciones del aporte son las óptimas.

Comenzando a soldar

Antes de iniciar el arco eléctrico, Ud. debe conocer que sucederá en la punta del electrodo. Se generará una temperatura en el orden de los 3.300 y 5.550 °C entre el electrodo y la pieza a soldar. El "flux" o fundente del revestimiento se calentará transformándose en sales fundidas y en vapor. Estas protegerán al metal fundido de la acción de la atmósfera. De allí el nombre de SMAW proveniente de las siglas en inglés, ya explicado al comienzo de este capítulo. El gas de protección generado evita la acción de los gases de la atmósfera sobre la soldadura, los que habitualmente causarían incorporación de hidrógeno y porosidad entre otros defectos. Una vez que el metal fundido se solidificó, la escoria también lo hará formando una cascarilla por encima de la soldadura. Esta se podrá retirar con la ayuda de un pequeño martillo con sus terminaciones en punta llamado piqueta.

Se deberá tener muy en cuenta lo siguiente. Donde se apunte o apoye la varilla de soldadura es donde irá el metal fundido. El calor junto con el metal fundido saldrán del electrodo dirigidos hacia la pieza en forma de "spray". Por ello, el electrodo se deberá dirigir donde se desea aportar metal, manteniendo a su vez el arco.

La soldadura con arco protegido (SMAW) es un tipo de soldadura de uso muy común. Si bien no resulta difícil de ejecutar, requiere de mucha paciencia y práctica para poder adquirir la pericia necesaria. En una gran parte, los resultados obtenidos dependerán de la habilidad del soldador para controlar y llevar a cabo el proceso de soldadura. La calidad de una soldadura, además, dependerá de los conocimientos que este posea. La pericia solo se obtiene con la práctica.

Hay seis factores importantes a tener en cuenta. Los dos primeros están relacionados con la posición y la protección del operario, y los cuatro restantes con el proceso de soldadura en sí. Los mismos están detallamos a continuación, a saber:

- Posición correcta para ejecutar la soldadura.
- Protección facial (se debe usar máscara o casco).
- Longitud del arco eléctrico.
- Ángulo del electrodo respecto a la pieza.
- Velocidad de avance.
- Corriente eléctrica aplicada (amperaje).

Cuando se menciona que el soldador esté en la posición correcta, nos referimos a que se deberá estar en una posición estable y cómoda, preferentemente de pie y con libertad de movimientos (fig. 2.5).

La metodología indica que los pasos correctos a seguir a manera de práctica son los detallados a continuación:

1. Colocar el electrodo en el portaelectrodo.
2. Tomar el mango portaelectrodo con la mano derecha en una posición cómoda.

3. Sujetarse la muñeca derecha con la mano izquierda.
4. Apoyar el codo izquierdo sobre el banco de soldadura.
5. Alinear el electrodo con el metal a soldar.
6. Usar el codo izquierdo como pivote y practicar el movimiento del electrodo a lo largo de la unión a soldar.

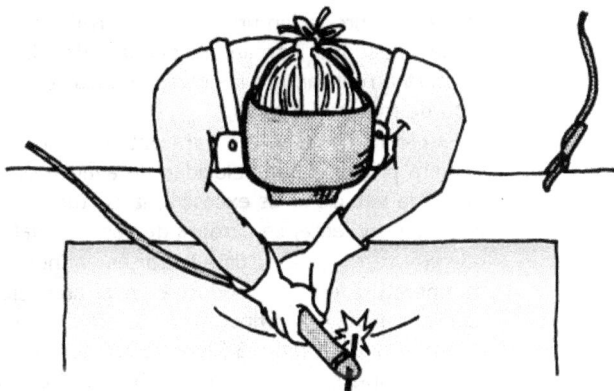

Fig. 2.5 Posición del soldador en el banco de trabajo

Cuando se menciona que el soldador deberá tener protección facial, nos referimos al uso de máscara o casco con lentes protectores. El mismo deberá cubrir perfectamente la cara y los ojos.

Existen infinidad de modelos, sin embargo, para poder disponer de las dos manos en el proceso de soldadura, resultan ideales los cascos abisagrados, los que pueden colocarse en su posición baja con un ligero cabeceo (fig. 2.6), lo que permite no alterar la posición del electrodo (de las manos) ante la pieza, previo al inicio de la soldadura.

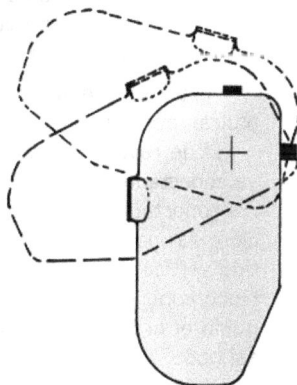

Fig. 2.6 Máscara para soldar

Ahora definiremos los cuatro factores impotantes antes mencionados:

- Longitud del arco eléctrico: es la distancia entre la punta del electrodo y la pieza de metal a soldar. Se deberá mantener una distancia correcta y lo mas constante posible.
- Angulo del electrodo respecto a la pieza: El electrodo se deberá mantener en un ángulo determinado respecto al plano de la soldadura. Este ángulo quedará definido según el tipo de costura a realizar, por las características del electrodo y por el tipo de material a soldar.
- Velocidad de avance: Para obtener una costura pareja, se deberá procurar una velocidad de avance constante y correcta. Si la velocidad es excesiva, la costura quedará muy débil, y si es muy lenta, se cargará demasiado material de aporte.
- Corriente eléctrica: Este factor es un indicador directo de la temperatura que se producirá en el arco eléctrico. A mayor corriente, mayor temperatura. Si no es aplicada la corriente apropiada, se trabajará fuera de temperatura. Si no se alcanza la temperatura ideal (por debajo), el aspecto de la costura puede ser bueno pero con falta de penetración. En cambio, si se trabaja con una corriente demasiado elevada, provocará una temperatura superior a la óptima de trabajo, produciendo una costura deficiente con porosidad, grietas y salpicaduras de metal fundido.

Para formar el arco eléctrico entre la punta del electrodo y la pieza se utilizan dos métodos, el de raspado o rayado y el de golpeado.

El de rayado consiste en raspar el electrodo contra la pieza metálica ya conectada al potencial eléctrico del equipo de soldadura (pinza de tierra conectada). El método de golpeado es, como lo indica su denominación, dar golpes suaves con la punta del electrodo sobre la pieza en sentido vertical. En ambos casos, se formará el arco cuando al bajar el electrodo contra la pieza, se produzca un destello lumínico. Una vez conseguido el arco, deberá alejarse el electrodo de la pieza unos 6 mm para así poder mantenerlo. Luego disminuir la distancia a 3 mm (distancia correcta para soldar) y realizar la soldadura. Si el electrodo no se aleja lo suficiente, se fundirá con la pieza, quedando pegado a ella.

Ahora explicaremos como realizar costuras, ya que resultan básicas e imprescindibles en la mayor parte de las operaciones de soldadura. Los pasos a seguir son los siguientes:

1. Ubicar firmemente las piezas a soldar en la posición correcta.
2. Tener a mano varios electrodos para soldar. Colocar uno en el portaelectrodo.
3. Colocarse la ropa y el equipo de protección.
4. Regular el amperaje correcto en el equipo de soldadura y encenderlo.
5. Ubicarse en la posición de soldadura correcta e inicie el arco.
6. Mover el electrodo en una dirección manteniendo el ángulo y la distancia a la pieza.
7. Se notará que conforme avance la soldadura, el electrodo se irá consumiendo, acortándose su longitud. Para compensarlo, se deberá ir bajando en forma paulatina la mano que sostenga el portaelectrodo, manteniendo la distancia a la pieza.
8. Tratar de mantener una velocidad de traslación uniforme. Si se avanza muy rápido, se tendrá una soldadura estrecha. Si se avanza muy lento, se depositará demasiado material.

Resulta imprescindible realizar la máxima práctica posible sobre las técnicas de costuras o cordones. Una forma de autoevaluar si se consiguió tener un dominio del sistema de soldadura es realizar costuras paralelas sobre una chapa metálica. Si se logran costuras rectas que conserven el paralelismo sin realizar trazados previos sobre la chapa, se puede decir que ya se ha conseguido un avance apreciable sobre este tema.

Se debe tener un total dominio de las costuras paralelas (fig. 2.7) para poder realizar trabajos de relleno (almohadillado) y/o reconstrucción, los que detallaremos más adelante en este mismo capítulo.

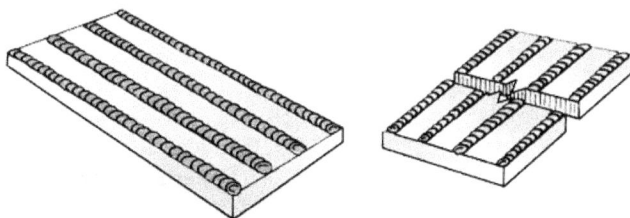

Fig. 2.7 Ilustración esquemática de cordones y costuras paralelas

Cuando se aporta metal aplicando el sistema de arco protegido, resulta común querer realizar una soldadura más ancha que un simple cordón (sólo movimiento de traslación del electrodo). Para ello, se le agrega al movimiento de avance del electrodo (movimiento de traslación) un movimiento lateral (movimiento oscilatorio). Existen varios tipos de oscilaciones laterales (fig. 2.8). Cualquiera sea el movimiento elegido o aplicado, deberá ser uniforme para conseguir con ello una costura cerrada, y así facilitar el desprendimiento de la escoria una vez finalizada la soldadura. En la fig. 2.8 se detallan los cuatro movimientos clásicos. De los movimientos ilustrados, el de aplicación más común es el mencionado con la letra A, aunque los movimientos C y D resultan más efectivos para realizar soldaduras en metales de mayor espesor.

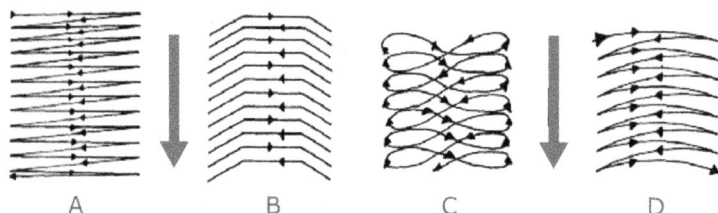

A   B   C   D

Fig. 2.8 Movimientos del electrodo para realizar una costura

En la fotografía de la fig. 2.9 se observan varias pruebas de soldadura realizadas con distintas corrientes y velocidades de avance. En ella, podemos clasificar a las soldaduras de la siguiente manera, a saber:

A. Costura correcta con amperaje y velocidad adecuados.
B. Costura aceptable con amperaje muy bajo.
C. Costura deficiente por amperaje muy elevado.
D. Costura aceptable con amperaje muy bajo, ocasionando demasiado aporte metálico.
E. Costura deficiente con corriente inadecuada.
F. Costura correcta con muy poca velocidad de avance. Observar que la costura está muy ancha y muy alta.
G. Costura deficiente con corriente adecuada pero con velocidad de avance muy elevada.

Luego de que el lector haya realizado una práctica intensiva de lo

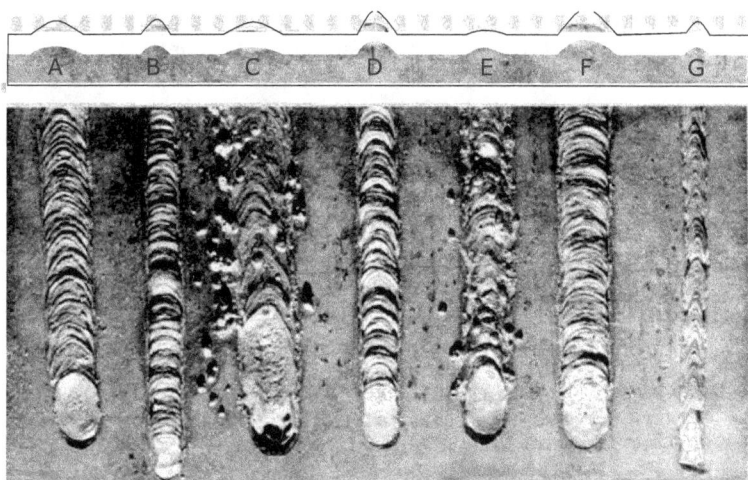

Fig. 2.9 Pruebas de costuras (Gentileza de The Lincoln Electric Co.)

hasta ahora detallado, podemos describir las técnicas de rellenado (almo-hadillado) o reconstrucción. Es importante tener un dominio de las técni-cas explicadas hasta aquí porque el relleno y reconstrucción requiere de capas sucesivas de soldadura (fig. 2.10). Para que el trabajo quede bien realizado, se deberá procurar evitar poros en las costuras en donde pue-den quedar atrapados restos de escoria de la capa anterior.

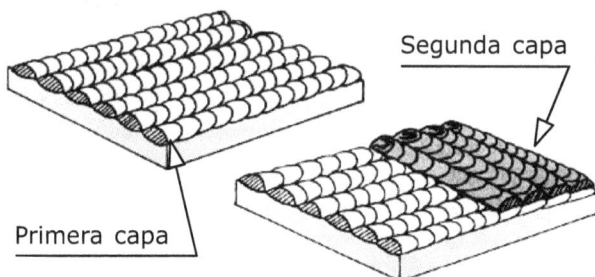

Segunda capa

Primera capa

Fig. 2.10 Etapas de relleno o reconstrucción con soldadura por arco

Esta técnica se utiliza en el relleno o reconstrucción de partes gastadas (ejes, vástagos, pistones, etc.). Se van sumando capas sucesivas de soldadura hasta llegar a la altura de relleno necesaria. Las capas entre sí deberán estar rotadas 90°, y de esta forma se logra una superficie más lisa y se limiita la posibilidad de que queden poros en la capa de relleno. Cuando se realiza el relleno en las cercanías de los bordes de la pieza, el aporte de soldadura tiende a "derramarse". Para evitar este efecto, se utilizan como límites placas de cobre o grafito sujetas al borde a rellenar. La placa puesta como límite no interviene ni se funde por los efectos del calor producido en el proceso de soldadura (fig. 2.11).

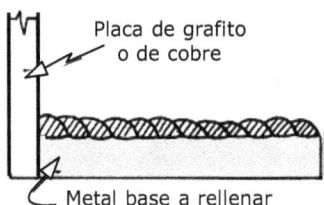

Fig. 2.11 Forma de limitar el relleno de soldadura

Este método resulta de suma utilidad para lograr bordes de relleno rectos, ahorrando bastante trabajo de mecanizado posterior.

Uniones básicas con arco protegido (SMAW)

Ahora que ya hemos explicado los procedimientos para depositar cordones y costuras, y para realizar reconstrucciones y rellenos, podemos aplicar estos conocimientos para realizar las uniones típicas en soldadura metálica con arco protegido. Estas son cinco (fig. 2.12): A) la unión a tope, B) la unión en T, C) la traslapada, D) la unión en escuadra, y E) la de canto.

Además de las uniones detalladas, existen cuatro posiciones diferentes para realizarlas. Estas son la plana, la vertical, la horizontal, y sobre la cabeza. Estas posiciones se evidencian en la fig. 2.13, en la además se ilustran todas las variantes intermedias.

A la soldadura que se deposita en una unión en T se la llama soldadura de filete. También frecuentemente, se le da este nombre a la unión.

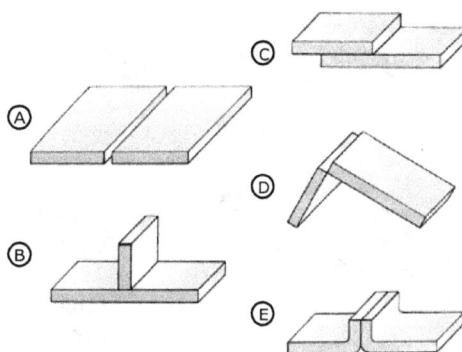

Fig. 2.12 Ilustraciones sobre los cinco tipo de uniones para SMAW

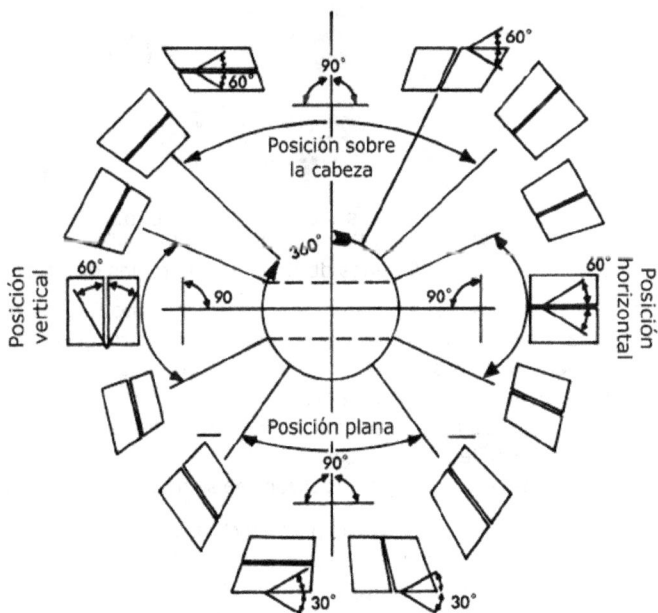

Fig. 2.13 Ilustraciones de los cuatro posiciones básicas y sus variantes

| EN "T" | TRASLAPADA | ESQUINA | A TOPE CON REFUERZO |

| "T" EN ANGULO | TRASLAPADA DOBLE | ESQUINA | A TOPE CON BRIDA |

| "T" CON BRIDA | TRASLAPADA AL RAS | ESQUINA CON BRIDA | CONTACTO EN LINEA |

| BORDE CON BRIDA | COSTURA DE ENGANCHE PLANA | FONDO CON BRIDA | FONDO CON BRIDA |

Fig. 2.14   Diseños de uniones habituales en soldadura

Hay dos clases de soldadura de filete de este tipo, la horizontal y la plana. Ambas son de uso frecuente en la industria (ver fig. 2.15). Siempre que sea posible se colocan las piezas a soldar de tal forma que queden en posición plana. En esta posición se puede soldar con más rapidez ya que así se pueden utilizar electrodos de mayor diámetro y trabajar con corrientes más elevadas.

Los pasos a seguir para realizar una soldadura de filete horizontal son:

1. Ubicar las piezas para efectuar una unión en T (fig. 2.16 A) o una unión traslapada (fig. 2.16 B).
2. Preparar el equipo para soldar (electrodos, elementos de seguridad, vestimenta, regulación de corriente, etc.).
3. Sostener el electrodo de forma tal que apunte hacia la esqui-

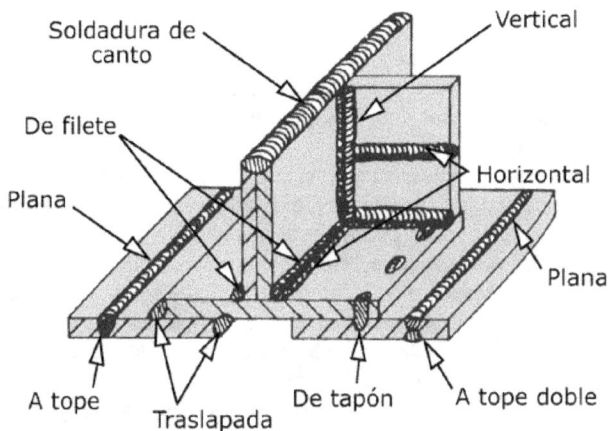

Fig. 2.15 Denominación de los tipos de soldadura

na de la unión a un ángulo de 45° con respecto a la placa horizontal (fig. 2.16 A y B).

4. El electrodo se debe inclinar de 15° a 20° en la dirección del movimiento (fig. 2.16 A y B).
5. Soldar a lo largo de toda la unión.
6. Observar con atención si el cordón está muy alto o socavado. Aumentar la velocidad o cambiar el ángulo del electrodo para corregir, de existir, los posibles defectos.

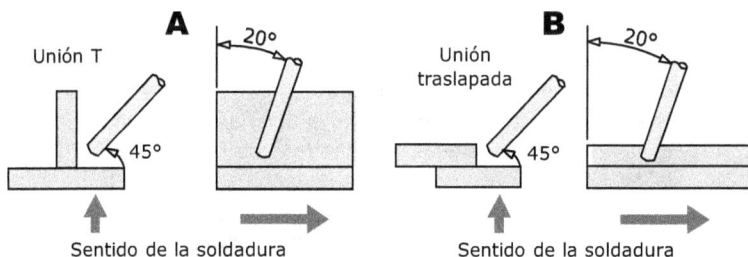

Fig. 2.16 Angulos de los electrodos para soldadura de filete

Fuera de las soldaduras efectuadas en las posiciones plana y horizontal, las que se deban ejecutar en otra posición (vertical y sobre la cabeza) resultarán bastante más complicadas de realizar si no se experimenta y practica. Siempre que se pueda, tratar de ubicar las piezas en posición plana. De no ser esto posible, se deberá soldar en la posición en que las piezas se encuentren.

Para soldar verticalmente, se deberá experimentar con práctica intensiva para que la fuerza de gravedad no haga caer o derramar el metal fundido. Teniendo en cuenta esto y sabiendo como ya dijimos que la punta del electrodo empuja, se deberá poner éste en un ángulo ligeramente negativo respecto a la horizontal. Si la soldadura a realizar es vertical ascendente, el electrodo se moverá hacia arriba, alejándolo y acercándolo de la pieza cada 10 o 15 mm de recorrido. Esto se realiza para permitir que el metal fundido se solidifique.

Si la soldadura a realizar es vertical descendente, resulta más fácil de controlar que la ascendente, ya que el efecto de "spray" del electrodo mantiene al material fundido en posición. En este caso, se observa menor penetración que en la soldadura vertical ascendente. Por este motivo, este tipo de soldadura no es la más recomendable para uso industrial.

Cuando se suelda en la posición de cabeza, se debe aplicar la misma metodología que en la soldadura vertical ascendente. Resultará necesario realizar la soldadura en varias etapas, para evitar que se eleve demasiado la temperatura del conjunto y permitiendo que el metal de aporte se solidifique.

Soldadura de arco con corriente continua (CC)

Cuando se realizan las soldaduras con corriente alterna (CA), no se tiene polaridad definida de ninguno de los dos electrodos. En cambio, al realizarla con corriente continua (CC), existe un sentido único de circulación de corriente y los efectos de la polaridad sobre la soldadura son muy evidentes. Por lo general, la polaridad que se adopta en CC es la inversa, la cual polariza al electrodo positivamente (+) respecto a la pieza. Con esta polaridad, el electrodo toma más temperatura que la pieza, el arco comienza más prontamente, y permite utilizar menor amperaje y un arco más corto. Con la polarización inversa se tiene menor penetración que con la polarización directa. La polarización directa polariza negativamente el electrodo respecto a la pieza. Se utiliza sólo para algunos procesos particulares. Existen algunos electrodos que pueden ser utilizados en CC con polarización directa o inversa indistintamente (llamados CA/CC), mientras que otros son aptos solo para corriente continua directa. En la fig. 2.17 se observan esquemáticamente las dos polaridades posibles en la soldadura por arco en corriente continua.

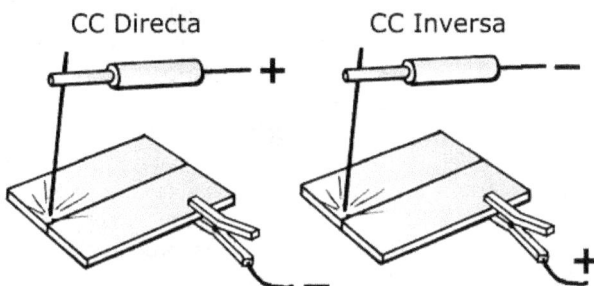

Fig. 2.17 Polaridades en la soldadura por arco con CC

En la tabla 2.3 se describen algunos de los electrodos aptos para ser usados con CC, detallando para que metal son aplicables.

TABLA 2.3		
Material	Polaridad	Electrodos
Acero Inoxidable	CC (+) solamente	E30815; E31015
	CA	E30816; E34716
Bronce	CC (+) solamente	E-CuSn-C
Aluminio	CC (+) solamente	AL-43
Hierro fundido	CC (+) solamente	ESt
Acero de alta dureza	CC (+) solamente	E7010-A1; E8018-C3
	CA	E7027-A1; E8018-C1
Acero común	CA	E6011; E7014; E7018
	CC (+) solamente	E6010; 5P; E7018

Se darán a continuación indicaciones sobre las condiciones de trabajo para efectuar soldaduras de diversos materiales mediante arco protegido. Comenzaremos por los aceros al carbono. Por lo general resultan difíciles de soldar por arco las láminas de acero, ya que por tener poco espesor, suelen perforarse o quemarse. A continuación daremos una serie de indicaciones puntuales para hacer este trabajo más sencillo, a saber:

- Soldar con valores de corriente bajos. Intentar con una corriente de 60 a 75 Ampere con electrodo de Ø 3 mm ó con una corriente de 40 a 60 Ampere con Ø 2,5 mm.
- Mantener un arco corto (poca distancia entre la punta del electrodo y la pieza). Esto permite lograr el calor necesario para fundir el material de aporte con el de base sin excesos.
- Realizar puntos de soldadura para evitar quemar o perforar el material. Esto ayudará, además, a evitar deformaciones u ondulaciones por exceso de temperatura.
- Usar pinzas de anclaje, sargentos o elementos de fijación de gran superficie, permitiendo esta característica aumentar la disipación de temperatura de todo el conjunto y evitando así un "shock" térmico que pueda producir mayores deformaciones sobre el material a soldar.
- Si todo esto falla, utilizar tiras de cobre como respaldo de la soldadura a realizar. La soldadura no se adherirá a las tiras o placas de cobre, las que podrán ser removidas una vez que la costura se haya enfriado.

Para soldar con el sistema de arco protegido el acero aleado (refiriéndonos a los aceros aleados con cromo-molibdeno), se emplea una metodología similar a la utilizada con el acero al carbono. Por lo general, las costuras y los cordones realizados sobre acero aleado son propensos al agrietamiento cuando se enfrían. Esto se debe a la estructura granular que poseen los cristales de este acero. A continuación se dan algunas indicaciones para obtener buenos resultados en la soldadura por arco protegido (SMAW) del acero aleado 4130 utilizando corriente alterna (CA) para su ejecución, a saber:

- Cuanto más grande sea la pieza, más importante deberá ser el precalentamiento que reciba la misma previo al trabajo de soldadura. Siempre se debe tratar de soldar a una temperatura no inferior a 20 °C, y además, se debe precalentar la zona afectada a la soldadura a una temperatura entre 90 y 150 °C.
- Precalentar la pieza con un soplete de oxiacetileno o, si el tama-

ño de la misma lo permite, precalentar en horno eléctrico.

* Utilizar siempre electrodos E7018 para efectuar la soldadura de acero aleado tipo 4130.

* Asegúrese de que la superficie a soldar esté limpia y libre de óxido, pintura y grasa. De descuidar este aspecto, se producirá sin lugar a dudas una soldadura defectuosa.

* De ser posible por los espesores que la pieza posea, desbastar los bordes de la unión a soldar formando una V (llamada unión en V). Esto favorecerá a la penetración de la soldadura.

Aunque no resulte común su empleo, es posible efectuar soldaduras por arco en todo tipo de aluminio (laminado, trefilado o fundido) mediante el empleo de corriente continua. El aspecto de la soldadura una vez realizada es rugosa comparada con las costuras realizadas sobre acero con este mismo sistema. Como en la soldadura de acero aleado, resulta indispensable el precalentado de la pieza entre 150 y 200 °C previo a la soldadura. Los electrodos a utilizar deberán ser especiales para realizar este tipo de tarea. La resistencia obtenida en las soldaduras hechas por arco es de apenas un 50% de la obtenida con los sistemas de arco de tungsteno protegido por gas (TIG).

Para efectuar soldaduras en acero inoxidable, no existe en particular ningún problema, y la metodología a emplear es similar a la utilizada en los procesos para aceros al carbono y aceros aleados. Las costuras obtenidas se verán con un buen aspecto siempre y cuando no tengan ningún contacto con la atmósfera. Por lo general, el revés de la soldadura aparece ennegrecida y rugosa. Este aspecto puede ser evitado mediante el uso de "flux" o fundente en pasta para que la soldadura no tenga contacto con el oxígeno de la atmósfera. Los mejores procesos para soldar acero inoxidable son el TIG y el MIG (detallados en los próximos capítulos), pero cuando no se dispone de los equipos mencionados para su realización, se pueden hacer buenos trabajos mediante la soldadura por arco protegido de corriente alterna (CA). En este caso, no es necesario realizar precalentamiento sobre la zona a soldar.

Para efectuar soldaduras en hierro fundido o de colada, existen problemas para evitar las fisuras luego de la realización de la soldadura. La razón de ello es la gran rigidez que posee el material. Cuando se desea realizar una soldadura en una pieza de hierro fundido, se calienta un área pequeña, provocando su expansión. El área que no toma temperatura con el proceso de soldadura resiste dicha expansión, pero desafortunadamente, al enfriarse la zona de trabajo, pierde la batalla ya que el material es más resistente en compresión que en expansión. Por lo detallado, el área menos caliente (la que no recibe calentamiento directo por efecto de la soldadura) es la que se fisura.

Por ello, resulta indispensable precalentar la pieza a soldar para de esta forma evitar fisuras en zonas cercanas a la soldadura. La temperatura deberá estar por encima de los 200 °C (no sobrepasar los 650 °C). Los electrodos a utilizar deberán ser los especificados para fundición.

Según la American Welding Society, la codificación para los electrodos a utilizar es Est y ENI-CI. A pesar de ello y sólo a modo de comentario, el método de "Brazing" resulta mejor para ser aplicado en la soldadura de hierro colado o fundido, pero no se realiza mediante los sistemas de soldadura por arco, sino que se realiza por calentamiento a gas combustionado con oxígeno (oxiacetileno) o en horno. Si se desea tener mayor información sobre el sistema de "Brazing" y de soldaduras de bajo punto de fusión, se recomienda revisar lo descripto en el libro "Manual de Soldadura, Soldadura Oxiacetilénica o por gas" de esta misma editorial.

CAPITULO 3

SOLDADURA TIG o GTAW

Introducción histórica

La soldadura de arco de tungsteno protegida por gas (siglas del inglés de Tungsten Inert Gas), también denominada soldadura por heliarco (por usarse el gas Helio como protector) o bien la denominación más moderna GTAW (siglas del inglés de Gas Tungsten Arc Welding), data de mucho tiempo atrás. En el año 1900 se otorgó una patente relacionada con un sistema de electrodo rodeado por un gas inerte. Las experiencias con este tipo de soldadura continuaron durante las décadas de 1920 y 1930. Sin embargo, hasta 1940 no se produjo una gran evolución del proceso TIG o GTAW. Hasta antes que la 2ª. Guerra Mundial comenzara, no se había realizado mucha experimentación porque los gases inertes eran demasiado costosos. Ya una vez iniciada la Guerra, la industria aeronáutica necesitaba un método más sencillo y rápido para realizar la soldadura del aluminio y del magnesio, metales estos empleados en la fabricación de aviones. Por los incrementos en producción logrados con este sistema de soldadura, se justificó el incremento en costo por el empleo de este gas. Aunque la producción de este gas es ahora más económica y rápida, aún hoy representa un gasto adicional a considerar, pero ampliamente justificado por los resultados obtenidos.

Descripción preliminar

El proceso GTAW, TIG ó Heliarco es por fusión, en el cual se genera calor al establecerse un arco eléctrico entre un electrodo de tungsteno no consumible y el metal de base o pieza a soldar. Como en este proceso el electrodo no aporta metal ni se consume, de ser necesario realizar aportes metálicos se harán desde una varilla o alambre a la zona de soldadura utilizando la misma técnica que en la soldadura oxiacetilénica. La zona de soldadura estará protegida por un gas inerte, evitando la formación de escoria o el uso de fundentes o "flux" protectores. El Helio fue el primer gas inerte utilizado en estos procesos. Su función era crear una protección sobre el metal fundido y así evitar el efecto contaminante de la atmósfera (Oxígeno y Nitrógeno). La característica de un gas inerte desde el punto de vista químico es que no reacciona en el proceso de soldadura. De los cinco gases inertes existentes (Helio, Argón, Neón, Kriptón y Xenón), solo resultan aptos para ser utilizados en esta aplicación el Argón y el Helio. Para una misma longitud de arco y corriente, el Helio necesita un voltaje superior que el Argón para producir el arco. El Helio produce mayor temperatura que el Argón, por lo que resulta mas efectivo en la soldadura de materiales de gran espesor, en particular metales como el cobre, el aluminio y sus aleaciones. El Argón se adapta mejor a la soldadura de metales de menor conductividad térmica y de poco espesor, en particular para posiciones de soldadura distintas a la plana. En la Tabla 3.1 se describen los gases apropiados para cada tipo de material a soldar.

TABLA 3.1 Gases inertes para GTAW	
Metal a soldar	Gas
Aluminio y sus aleaciones	Argón
Latón y sus aleaciones	Helio o Argón
Cobre y sus aleaciones (menor de 3 mm)	Argón
Cobre y sus aleaciones (mayor de 3 mm)	Helio
Acero al carbono	Argón
Acero Inoxidable	Argón

Cuanto más denso sea el gas, mejor será su resultado en las aplicaciones de soldadura con arco protegido por gas. El Argón es aproximadamente 10 veces más denso que el Helio, y un 30% mas denso que el aire. Cuando el Argón se descarga sobre la soldadura, este forma una densa nube protectora, mientras que la acción del Helio es mucho más liviana y vaporosa, dispersándose rápidamente. Por este motivo, en caso de usar Helio, serán necesarias mayores cantidades de gas (puro o mezclas que contengan mayoritariamente Helio) que si se utilizara Argón.

En la actualidad y desde hace bastante tiempo, el Helio ha sido reemplazado por el Argón, o por mezclas de Argón-Hidrógeno o Argón-Helio. Ellos ayudan a mejorar la generación del arco eléctrico y las características de transferencia de metal durante la soldadura; favorecen la penetración, incrementan la temperatura producida, el ancho de la fusión, la velocidad de formación de soldadura reduciendo la tendencia al socavado. Además, estos gases proveen condiciones satisfactorias para la soldadura de la gran mayoría de los metales reactivos tales como aluminio, magnesio, berilio, columbio, tantalio, titanio y zirconio. Las mezclas de Argón-Hidrógeno o Helio-Hidrógeno sólo pueden ser usadas para la soldadura de unos pocos metales como por ejemplo algunos aceros inoxidables y aleaciones de níquel.

En las uniones realizadas aplicando el sistema TIG, el metal se puede depositar de dos formas: 1. por transferencia en forma de "spray" y 2. por transferencia globular. La transferencia de metal en forma de spray es la más indicada y deseada. Esta produce una deposición con gran penetración en el centro de la unión y decreciendo hacia los bordes. La transferencia globular produce una deposición más ancha y de menor penetración a lo largo de toda la soldadura.

Por lo general, el Argón promueve a una mayor transferencia en spray que el Helio con valores de corriente menores. A su vez, posee la ventaja de generar fácilmente el arco, una mejor acción de limpieza en la soldadura sobre aluminio y magnesio (trabajando con CA) con una resistencia mayor a la tracción.

Equipo básico para TIG ó GTAW

El equipamiento básico necesario para ejecutar este tipo de soldadura está conformado por:

1. Un equipo para soldadura por arco con sus cables respectivos.
2. Provisión de un gas inerte, mediante un sistema de mangueras y reguladores de presión.
3. Provisión de agua (solo para algunos tipos de sopletes).
4. Soplete para soldadura TIG. Puede poseer un interruptor de control desde el cual se comanda el suministro de gas inerte, el de agua y el de energía eléctrica.

En la fig. 3.1, se observa un esquema de un equipo básico de GTAW, en el cual se ilustra la alimentación y salida de suministro de agua. Este esquema, en algunos casos, puede darse sin el suministro de agua correspondiente. El mismo es utilizado como método de refrigeración.

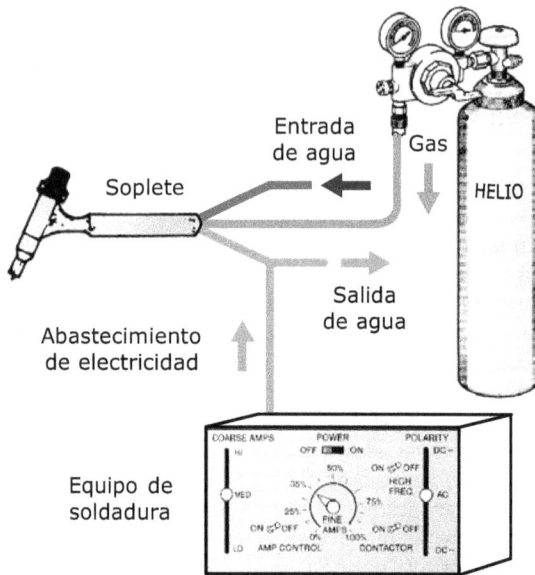

Fig. 3.1 Esquema de un sistema para soldadura de arco TIG

Para soldar con SMAW, el tipo de corriente o polaridad que se utilicen dependerá del recubrimiento que posea el electrodo, en cambio en GTAW (TIG), la corriente o su polaridad se determina en función del metal a soldar. Es posible utilizar CA y CC (inversa o directa). Los equipos para soldar con GTAW poseen características particulares, pero admiten ser utilizadas también con SMAW. Los equipos para soldadura GTAW poseen:

- Una unidad generadora de alta frecuencia (oscilador de AF) que hace que se forme el arco entre el electrodo al metal a soldar. Con este sistema, no es necesario tocar la pieza con el electrodo.
- El equipo posee un sistema de electroválvulas de control, las cuales le permite controlar el accionamiento en forma conjunta del agua y el gas.
- Sólo algunos equipos poseen un control mediante pedal o gatillo en el soplete.

Al efectuar la soldadura con CC, se observa que en el terminal positivo (+) se desarrolla el 70% del calor y en el negativo (-) el 30% restante. Esto significa que según la polaridad asignada, directa o inversa, los resultados obtenidos serán muy diferentes.

Con polarización inversa, el 70% del calor se concentra en el electrodo de tungsteno. De lo antedicho se deduce que con el mismo valor de corriente (amperaje), pero cambiando la polarización a directa, se puede utilizar un electrodo de tungsteno de menor tamaño, favoreciendo ello a lograr un arco más estable y una mayor penetración en la soldadura efectuada.

Sin embargo, la corriente contínua directa no posee la capacidad de penetrar la capa de óxido que se forma habitualmente sobre algunos metales (ej. aluminio). La corriente alterna (CA) tiene capacidad para penetrar la película de óxido superficialmente sobre algunos metales, pero el arco se extingue cada vez que la forma sinusoidal pasa por el valor cero de tensión o corriente, por lo que lo consideramos inadecuado. Se encontró una solución a dicho problema superponiendo una corriente alterna de alta frecuencia (AF), la cual mantiene el arco encendido aún con tensión cero.

A continuación, en la Tabla 3.2, se detallan las características de corriente necesarias para la soldadura TIG de diversos metales, a saber:

TABLA 3.2		
Metal a soldar	Fuente de potencia	
	Preferida	Opcional
Aluminio	CA (alta frecuencia)	CC inversa
Latón y aleaciones	CC directa	CA (alta frecuencia)
Cobre y aleaciones	CC directa	-
Acero al carbono	CC directa	CA (alta frecuencia)
Acero inoxidable	CC directa	CA (alta frecuencia)

Como el proceso de GTAW es por arco eléctrico, los primeros sopletes que se utilizaron resultaban de una adaptación de las pinzas portaelectrodo de la soldadura de arco convencional (SMAW) con un electrodo de tungsteno y un tubo de cobre suministrando el gas inerte sobre la zona de soldadura. El soplete actual consta de un mango, un sistema de collar para la sujeción del electrodo de tungsteno y una sistema de tobera a través del cual se eyecta el gas inerte (fig. 3.2). Pueden poseer sistema de enfriamiento por aire o por agua. Cuando se utilizan corrientes por debajo de 150 Ampere, se emplea la refrigeración por aire. En cambio, cuando se utilizan corrientes superiores a 150 Ampere, se emplea refrigeración por agua. El agua puede ser recirculada mediante un sistema cerrado con un tanque de reserva, una bomba y un enfriador.

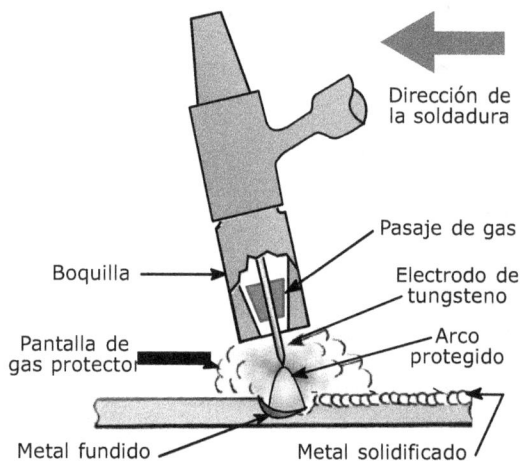

Dirección de la soldadura

Pasaje de gas
Boquilla
Electrodo de tungsteno
Pantalla de gas protector
Arco protegido
Metal fundido   Metal solidificado

Fig. 3.2 Esquema de un soplete para soldadura TIG

El collar cumple la finalidad de sujetar el electrodo de tungsteno y transmitirle la corriente eléctrica. Los hay de diferentes tamaños, y se usará el más apropiado al tamaño de electrodo seleccionado. Estos se encuentran clasificados según el sistema AWS, en el que poseen un código según la aleación con que se encuentran confeccionados (Tabla 3.3).

TABLA 3.3				
Código AWS	Composición [%]			
	Tungsteno	Thorio	Zirconio	Otros
EWP	99,50	–	–	0,50
EWTh-1	98,50	0,80-1,20	–	0,50
EWTh-2	97,50	1,70-2,20	–	0,50
EWTh-3	98,95	0,35-0,55	–	0,50
EWZr	99,20	–	0,15-0,40	0,50

Los electrodos originalmente no poseen forma. Antes de ser usados se les debe dar forma mediante mecanizado, desbaste o fundido. Los formatos pueden ser tres: en punta, media caña y bola (fig. 3.3).

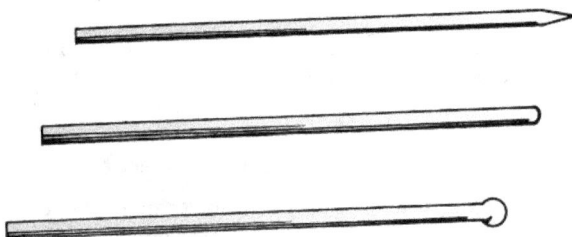

Fig. 3.3 Formas posibles para electrodos de tungsteno

Los diámetros de los electrodos de tungsteno se seleccionan en función de la corriente empleada para la realización de la soldadura. En la Tabla 3.4 se dan los rangos de corriente admisibles para cada diámetro de electrodo.

TABLA 3.4		
Corriente	Diámetro del electrodo	
[Ampere]	Ø Pulgadas	Ø Milímetros
Hasta 15 A	0,010	0,25
5 a 20 A	0,020	0,51
15 a 80 A	0,040	1,02
70 a 150 A	1/16	1,59
150 a 250 A	3/32	2,38
250 a 400 A	1/8	3,17
350 a 500 A	5/32	3,97
500 a 750 A	3/16	4,76
750 a 1.000 A	1/4	6,35

Las boquillas o toberas cumplen con dos funciones: la de dirigir el gas inerte sobre la zona de la soldadura, y la de proteger al electrodo. Las boquillas o toberas pueden ser de dos materiales diferentes: de cerámica y de metal.

Las boquillas de cerámica son utilizadas en los sopletes con enfria-

miento por aire, mientras que las metálicas son las utilizadas en los sopletes con enfriamiento por agua.

Comenzando a usar un Sistema TIG ó GTAW

Este sistema de soldadura (arco de tungsteno protegido por gas) no posee diferencias significativas con lo visto hasta ahora respecto a lo que ocurre en el punto de soldadura con los sistemas por arco, aunque posee mucho de los sistemas de soldadura por gas. Igualmente daremos una descripción de los puntos principales a tener en cuenta, a saber:

- Previo a la realización de cualquier operación de soldadura con TIG, la superficie deberá estar perfectamente limpia. Esto es muy importante ya que en este sistema no se utilizan fundentes o "fluxes" que realicen dicho trabajo y separen las impurezas como escoria.

- Cortar la varilla de aporte en tramos de no más de 450 mm. Resultan más cómodas para maniobrar. Previamente a su utilización, se deberán limpiar trapeando con alcohol o algún solvente volátil. Aún el polvillo contamina la soldadura.

- Si se es diestro, deberá sostener el soplete o torcha con la mano derecha y la varilla de aporte con la mano izquierda. Si es zurdo, se deberán intercambiar los elementos de mano.

- Tratar de adoptar una posición cómoda para soldar, sentado, con los brazos afirmados sobre el banco o mesa de trabajo. Se debe aprovechar que este sistema no produce chispas que vuelen a su alrededor. Utilizar los elementos de protección necesarios (casco, lentes, guantes, etc.). A pesar de que la luz producida por la soldadura TIG no parezca peligrosa, en realidad lo es. Ella posee una gran cantidad de peligrosa radiación ultravioleta.

- Se deberá estimar el diámetro del electrodo de tungsteno a utlizar en aproximadamente la mitad del espesor del metal a soldar.

- El diámetro de la tobera deberá ser lo mayor posible para evitar que restrinja el pasaje de gas inerte a la zona de soldadura.

- Deben evitarse corrientes de aire en el lugar de soldadura. La más mínima brisa hará que las soldadura realizada con TIG se quiebre o

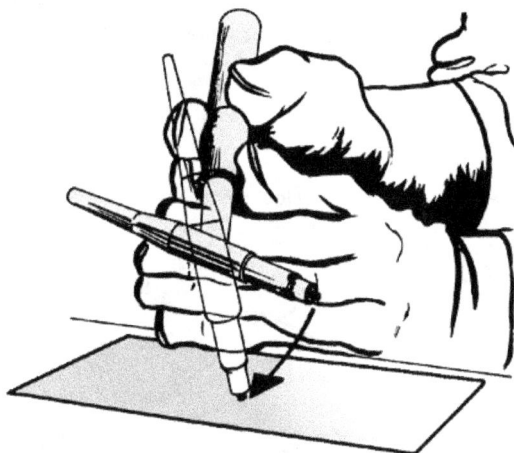

Fig. 3.4 Forma correcta de comenzar el arco con un sistema TIG

fisure. Además, puede ser que por efecto del viento, se sople o desvanezca el gas inerte de protección.

- Para comenzar la soldadura, el soplete deberá estar a un ángulo de 45° respecto al plano de soldadura. Se acercará el electrodo de tungsteno a la pieza mediante un giro de muñeca (fig. 3.4). Se deberá mantener una distancia entre el electrodo y la pieza a soldar de 3 a 6 mm (1/8" a 1/4"). Nunca se debe tocar el electrodo de tungsteno con la pieza a soldar. El arco se generará sin necesidad de ello.

- Calentar con el soplete hasta generar un punto incandescente. Mantener alejada la varilla de aporte hasta tanto no se haya alcanzado la temperatura de trabajo correcta. Una vez logrado el punto incandescente sobre el material a soldar, adicionar aporte con la varilla metálica (fig. 3.5), realizando movimientos hacia adentro y hacia fuera de la zona de soldadura (llamado picado). No se debe tratar de fundir el metal de aporte con el arco. Se debe dejar que el metal fundido de la pieza lo absorba. Al sumergir el metal de aporte en la zona de metal fundido, ésta tenderá a perder temperatura, por lo que se debe mantener una cadencia en la intermitencia empleada en la varilla de aporte. Si a pesar de aumentar la frecuencia de "picado" la zona fundida pierde demasiada temperatura, se deberá incrementar el calentamiento.

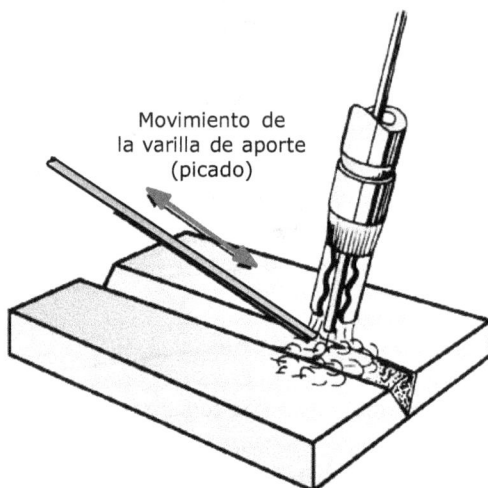

Movimiento de la varilla de aporte (picado)

Fig. 3.5 Esquema ilustrando la ubicación de la varilla de aporte

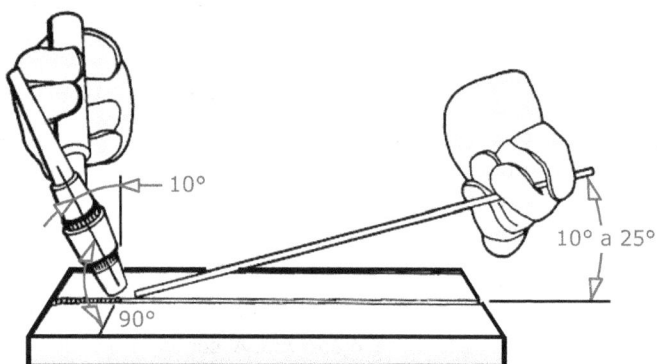

10°

10° a 25°

90°

Fig. 3.6 Angulos de la varilla de aporte y del soplete

- Previo a la realización de la costura definitiva, es aconsejable hacer puntos de soldadura en varios sectores de las piezas a soldar. De esta forma se evitarán desplazamientos en la unión por dilatación.
- El material de aporte deberá ser alimentado en forma anticipada al arco (fig. 3.6), respetando un ángulo de 10° a 25° respecto al plano de soldadura, mientras el soplete deberá tener un ángulo de 90° respecto al eje perpendicular al sentido de la soldadura y ligeramente caído en el eje vertical (aproximadamente 10°). Es muy importante que el ángulo de alimentación del aporte sea lo menor posible. Esto asegura una buena protección del gas inerte sobre el metal fundido y reduce el riesgo de tocar la varilla con el electrodo de tungsteno.

Antes de pasar a otro tema, describiremos en forma esquemática las distintas corrientes que se pueden emplear con este tipo de soldadura.

CC DIRECTA   CC INVERSA

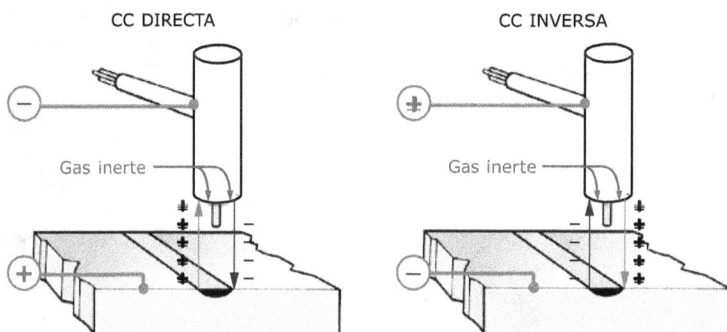

Gas inerte   Gas inerte

Fig. 3.7 Esquemas ilustrando las dos polaridades posibles de CC

En la figura 3.7 se pueden observar las dos polaridades posibles en corriente continua: la directa y la inversa. En la misma se distinguen la dirección de los iones desde y hacia la pieza.

En la figura 3.8 se puede observar la misma circunstancia ilustrada en el esquema anterior, pero con una tensión alterna aplicada. En dichas condiciones, se cumplirá en el semiciclo positivo y en el negativo lo ya explicado para corriente continua, reiterándose en forma alternativa.

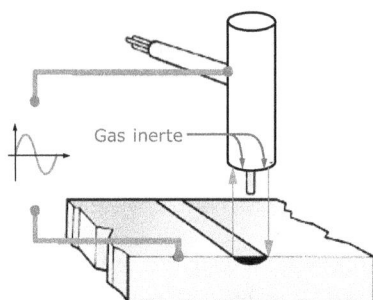

Fig. 3.8 Esquema ilustrando un sistema TIG con CA

Ahora, detallaremos la información específica necesaria para efectuar soldaduras del tipo TIG en diversos metales.

w Hierro y Acero al Carbono:
Como ambos pueden ser soldados con TIG utilizando el mismo procedimiento, se detallan en una sola especificación. El procedimiento a seguir deberá ser el detallado:

1) Utilizar una varilla de aporte apropiada.
2) Utilizar CC directa.
3) Utilizar, si se dispone, el equipo de alta frecuencia.
4) Utilizar, si se dispone, el sistema de refrigeración por agua.
5) Ajustar el control de corriente a 75 Ampere para espesores de acero de 1,6 mm.
6) Comenzar a soldar.

w Acero Inoxidable:
El procedimiento TIG utilizado para la soldadura de aceros inoxidables es similar al detallado para hierro y acero al carbono. La única diferencia radica en la necesidad de realizar una purga de oxígeno del lado trasero del material a soldar. Ello es indispensable para evitar que el metal fundido se cristalice en contacto con la atmósfera. Este efecto debilita considerablemente la soldadura y el metal de base cercano a la unión. Para lograr desplazar al oxígeno de la parte trasera de la soldadura, se pueden utilizar dos sistemas. Uno consiste en utilizar un flux especial para este tipo de situaciones. El otro sistema

consiste en desplazar el oxígeno mediante el uso de gas inerte. Para ello, se deberá acondicionar la pieza a soldar según lo ilustrado en la fig. 3.9. La cámara trasera para purga de oxígeno puede ser realizada con cartón y cinta de enmascarar. Se deberá alejar esta construcción auxiliar de las zonas de alta temperatura.

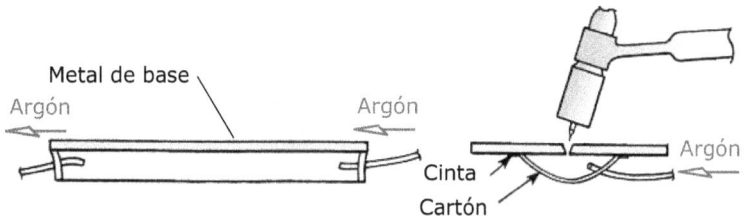

Fig. 3.9 Construcción auxiliar para purga de gases atmosféricos

w Titanio:

Para lograr hacer soldaduras con TIG sobre titanio, se deberá utilizar el mismo procedimiento descripto para hierros y aceros. A pesar de ello, no todas las aleaciones conteniendo titanio pueden ser soldadas con este sistema. Ello se debe a la gran suceptibilidad que el titanio posee ante posibles contaminantes. A su vez, el titanio caliente reacciona con la atmósfera causándo fragilidad en su estructura cristalina. Si las cantidades de carbón, oxígeno y nitrógeno presentes en el metal son altas, el grado de contaminación será el causante de que no se pueda realizar la unión deseada sobre el titanio.

El punto fundamental a tener en cuenta es que el titanio desde una temperatura ambiente normal (25 °C) hasta los 650 °C, reacciona absorbiendo nitrógeno y oxígeno del aire. Para lograr fundir el titanio a unir, se deberá alcanzar una temperatura cercana a los 1.800 °C. Con lo explicado, es evidente que el metal adquirirá suficientes agentes contaminantes como para que la soldadura falle sin lugar a dudas.

El sistema a aplicar para desplazar los gases de la atmósfera deberá ser similar al del acero inoxidable, pero será importante el ciclo de enfriamiento. Se deberá aguardar, antes de suprimir el flujo de gas inerte, que la temperatura del metal haya descendido naturalmente por debajo de los 400 °C.

w Aluminio:
La metodología para la soldadura con TIG del aluminio resulta ligeramente distinta a la del acero. Los ajustes del equipo son diferentes, y la característica más difícil de controlar es que el aluminio no cambia de coloración cuando llega a su temperatura de fusión. Los pasos a seguir para lograr soldar sobre aluminio son:

1) El área a soldar deberá estar lo más limpia posible, y deberá estar libre de óxido de aluminio. Esta limpieza se deberá efectuar un momento antes de efectuar la soldadura. El óxido de aluminio se forma sobre la superficie del aluminio muy rápidamente, y no se percibe su exixtencia a simple vista. La limpieza se puede realizar mecánicamente (cepillo de cerdas de acero inoxidable, tela esmeril o fibra abrasiva) o químicamente (inmersión en soda cáustica al 5% durante 5 minutos). Luego lavar con agua jabonosa y enjuagar con abundante agua. Secar el área a soldar con alcohol, acetona o algún solvente volátil.
2) Para la unión de piezas de aluminio forjado o fundido, realizar una unión con borde achaflanado con forma de V, para lograr una mejor penetración. Si se suelda chapa laminada de más de 1,5 mm, también se recomienda realizar el mismo tipo de unión.
3) Antes de tratar de soldar cualquier tipo de aleación de aluminio, asegurarse que la aleación en cuestión permite dicha operación.
4) Se deberá trabajar con CA, con alta frecuencia.
5) De disponerse, se deberá habilitar la refrigeración por agua.
6) Ajustar la corriente a 60 Ampere.
7) Se deberá utilizar electrodo de Tungsteno Puro, o con un 2% como máximo de Thorio. El Thorio contamina la costura en las soldaduras de aluminio.
8) Se deberá utilizar varilla de aporte 4043 (material de aporte desnudo, sin flux, para soldadura TIG de aluminio).
9) En casos de piezas de gran tamaño, se recomienda el precalentamiento ya que facilita la realización de la soldadura. Esto no resulta indispensable ya que el calor que se produce en la zona de la soldadura es suficiente para mantener la pieza caliente.

w Magnesio:
El magnesio arde y puede soportar su propia combustión. El agua o

los matafuegos de polvo no extinguen el incendio provocado por magnesio. En términos prácticos, la única forma en que se puede extinguir el fuego es dejar que se consuma todo el metal. Por lo expuesto, cuando se requiera soldar magnesio, realizarlo en un lugar abierto, lejos de todo material inflamable. Si por cualquier circunstancia este se incendia, aléjese y dejelo consumir, ya que es probable que no se pueda suprimir su combustión.

Como con otros metales, el magnesio se deberá limpiar para eliminar todo resto de suciedad y corrosión en la zona a soldar con TIG. Utilizar para remover el óxido blanquecino característico un cepillo de acero inoxidable o bien una viruta de aluminio o de acero. Si esto resultara insuficiente, se usarán productos químicos para su decapado. Habitualmente se utiliza la siguiente proporción (Tabla 3.5), a saber:

TABLA 3.5	
Productos y Condiciones	Cantidades y Datos
Acido Crómico	200 gramos
Nitrato Férrico	38 gramos
Fluoruro de Potasio	0,45 gramos
Agua	1.000 cm^3
Temperatura	20 a 30°C
Tiempo	3 minutos

Se deberá sumergir en la solución de decapado y luego lavar por inmersión en agua caliente. Dejar que la pieza se seque al aire previo al trabajo de soldadura. No sopletear con aire comprimido, puesto que puede llegar a contaminarse con suciedad, agua o aceite.

En los casos en que el magnesio se encuenre aleado con aluminio, se produce un fenómeno de fisurado y de corrosión en forma espontánea. Para evitar este inconveniente, las aleaciones luego de soldadas deberán ser tratadas termicamente para eliminar el "stress" generado por efecto de la soldadura. De no realizar este procedimiento, se sucederán irremediablemente los efectos de la corrosión y del fisurado. En la Tabla 3.6 se dan algunas indicaciones sobre los valores óptimos para la soldadura TIG del magnesio, mientras que en la Tabla 3.7 se dan indicaciones sobre los tratamientos térmicos a realizar sobre piezas de laminación y fundidas confeccionadas con magnesio aleado. En dicha tabla se especifican los códigos de los materiales citados.

TABLA 3.6			
Espesor [mm]	Corriente [Ampere]	Ø Electrodo [mm]	Ø Aporte [mm]
1,00	35	1,6	1,6
1,60	50	1,6	1,6
2,00	75	2,4	2,4
2,50	100	2,4	2,4
3,20	125	3,2	2,4
6,35	175	3,2	3,2
Los valores detallados son aproximados.			

TABLA 3.7		
Magnesio laminado		
Aleación	Temperatura (°C)	Tiempo (minutos)
AZ31B-0	130	15
AZ31B-H24	65	60
HK31A-H24	160	30
HM21A-T8	190	30
HM21A-T81	205	30
ZE10A	110	30
ZE10A-H24	40	60
Los valores detallados son aproximados		
Magnesio fundido		
Aleación	Temperatura (°C)	Tiempo (minutos)
AM100A	130	60
AZ63A	130	60
AZ81C	130	60
AZ91C	130	60
AZ92A	130	60
Los valores detallados son aproximados		

Las condiciones de tratamiento especificadas en la Tabla 3.7 se pueden realizar mediante cualquier sistema de calentamiento, preferentemente en un horno o mufla.

CAPITULO 4

SOLDADURA MIG ó GMAW

Descripción histórica

En la década de 1940 se otorgó una patente a un proceso que alimentaba electrodo de alambre en forma contínua para realizar soldadura con arco protegido por gas. Este resultó el principio del proceso MIG (siglas del inglés de Metal Inert Gas), que ahora posee la nomenclatura AWS y CSA de soldadura con gas y arco metálico GMAW (siglas del ingles de Gas Metal Arc Welding). Este tipo de soldadura se ha perfeccionado desde sus comienzos. En algunos casos se utilizan electrodos desnudos y protección por gas, y en otros casos se utilizan electrodos recubiertos con fundentes, similares a los utilizados en los procesos de arco protegido convencionales. Existe como otra alternativa, electrodos huecos con núcleo de fundente. Para algunos procesos particulares, se pueden combinar el uso de electrodos con fundente (recubiertos o huecos) juntamente con gas protector. En este sistema se reemplaza el Argón (utilizado en el proceso TIG) por Dióxido de Carbono (CO_2). El electrodo es alimentado en forma continua desde el centro de la pistola para soldadura. En este momento, este proceso de soldadura, a nivel industrial, es uno de los más importantes.

Equipo básico

El equipamiento básico para GMAW consta de (fig. 4.1):

- Equipo para soldadura por arco con sus cables.
- Suministro de gas inerte para la protección de la soldadura con sus respectivas mangueras.
- Mecanismo de alimentación automática de electrodo continuo.
- Electrodo continuo.
- Pistola o torcha para soldadura, con sus mangueras y cables.

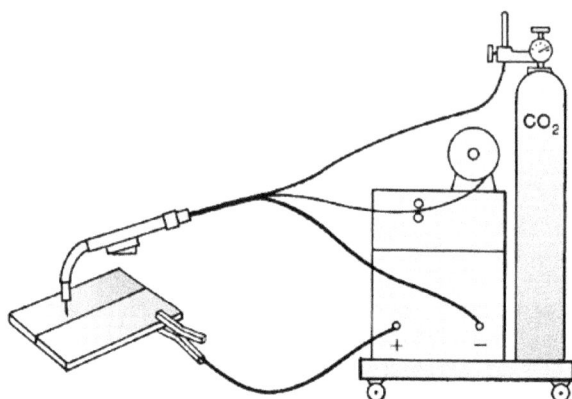

Fig. 4.1 Esquema básico de un equipo para soldadura MIG

La principal ventaja de este sistema radica en la rapidez. Raramente, con el sistema MIG, sea necesario detener el proceso de soldadura como ocurre con el sistema de arco protegido y TIG. Otras de las ventajas son: la limpieza lograda en la soldadura (la mayor de todos los sistemas de soldadura por arco), la gran velocidad y, en caso de trabajar con electrodo desnudo, la ausencia total de escoria.

Funcionamiento en la zona del arco

Cuando los investigadores estudiaron en que forma se transferiría el metal sobre la pieza a través de un arco eléctrico en un proceso MIG o GMAW, descubrieron tres formas en que la misma se realizaba. Estas son la transferencia por inmersión o cortocircuito, la globular, y en determinadas circunstancias la transferencia por aspersión.

La transferencia por inmersión o cortocircuito se produce cuando sin haberse producido arco, al tocar el electrodo con la pieza, se queda pegado produciéndose un cortocircuito. Por dicho motivo, la corriente se incrementará lo suficiente para fundir el electrodo, quedando una pequeña porción del mismo en el material a soldar.

En la transferencia globular, las gotas de metal fundido se transfieren a través del arco por efecto de su propio peso. Es decir que el electrodo se funde y las pequeñas gotas caen a la zona de soldadura. Por lo detallado, es de suponer que esta forma de depósito no nos resultará muy útil cuando se desee realizar soldaduras en posiciones diferentes a la plana y horizontal.

La diferencia que existe entre la deposición globular y la transferencia por aspersión radica en el tamaño de las partículas metálicas fundidas que se depositan. Cuando se incrementa la corriente, la forma de transferencia de metal cambia de globular a aspersión. Esto se debe a que los glóbulos son mucho más pequeños y frecuentes, y en la práctica permite guiarlos e impulsarlos con el arco eléctrico.

En la transferencia por aspersión, se utiliza como gas protector un gas inerte puro o con una mínima proporción de oxígeno. Esto favorecerá a la conducción de la corriente eléctrica utilizada en el proceso.

Debido a las altas corrientes necesarias para lograr la transferencia, en particular con los depósitos globulares y por aspersión, el metal de aporte se vuelve muy líquido, resultando difícil controlar el correcto depósito en soldaduras fuera de posición.

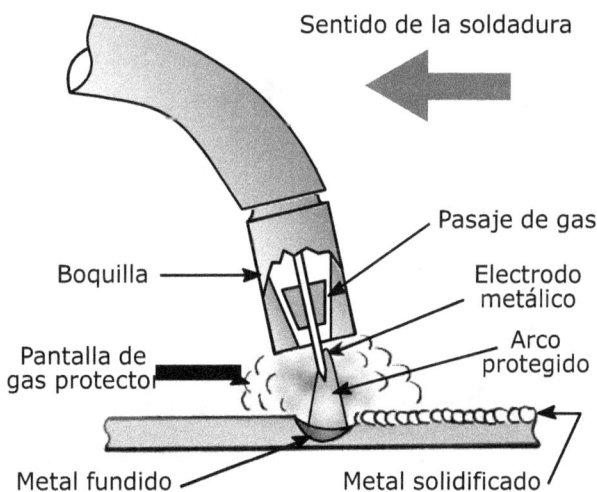

Fig. 4.2 Ilustración de los efectos producidos en una soldadura MIG

La pistola se posicionará sobre la zona a soldar con un ángulo similar al que se emplearía con un electrodo revestido de soldadura por arco protegido (fig. 4.2). La distancia a la que deberá quedar la pistola de la superficie a soldar deberá ser la misma que la del diámetro de la boquilla de la pistola. El electrodo deberá sobresalir de la boquilla aproximadamente unos 6 milímetros. Este se alimentará en forma continua desde un rollo externo, o bien desde uno ubicado en la misma pistola .

En las pistolas con alimentación externa, están las de empuje y las de tracción (fig. 4.3 B y C). En las de empuje, el electrodo es empujado desde el alimentador y la pistola solo posiciona al mismo a través de sus sistemas de guiado interno, dentro de la misma. En las de tracción, varían respecto a las anteriores en que el avance del electrodo se logra por el traccionamiento de un mecanismo interno en la pistola.

En las pistolas con alimentación interna, el principio de funcionamiento es similar al de las pistolas por tracción, con la salvedad de que el electrodo continuo se encuentra dentro de la misma carcaza de la pistola. Este tipo de mecanismo resulta de utilidad para soldar en lugares reducidos en los que no se puede trasladar todo el equipo (fig. 4.3 A).

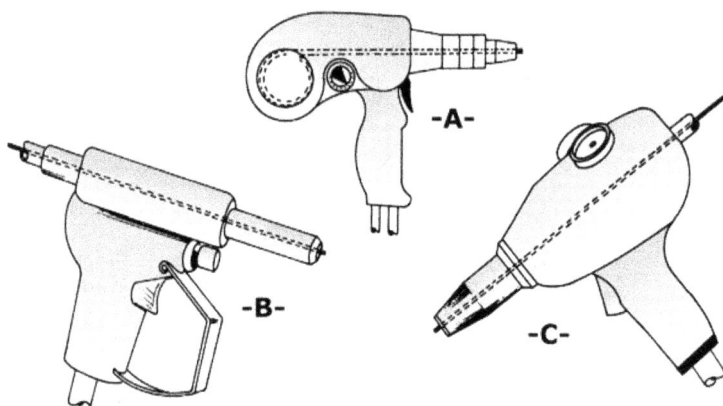

Fig. 4.3 Ilustracionres de los tipos de pistolas para soldadura MIG

Además de lo hasta aquí detallado respecto a las pistolas, se deberá proveer a las mismas de gas protector, de corriente eléctrica y de agua para refrigeración (en el caso en que el sistema posea dicha posibilidad).

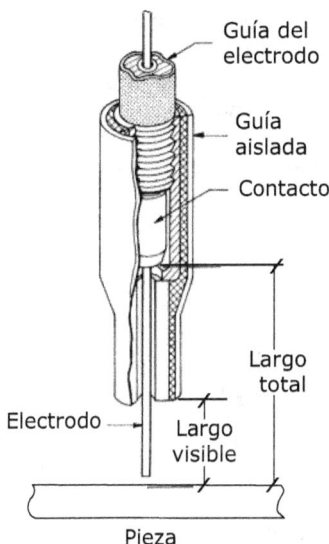

Guía del electrodo

Guía aislada

Contacto

Largo total

Electrodo

Largo visible

Pieza

Fig. 4.4

Independientemente del sistema de transporte de electrodo (empuje o tracción), el mismo pasa por la parte interna de la pistola. El sistema de guiado se observa en la fig. 4.4.

Este consta de un sistema de guía aislada seguida de un contacto metálico que además de funcionar de guía, le proporcionará corriente continua al electrodo.

El gas de protección, en caso que se utilice, fluirá por fuera del sistema de guía ilustrado (fig. 4.4). Este, como en todos los otros casos descriptos en que se ha utilizado, cumple la función de evitar la contaminación del metal interviniente en la soldadura, ya sea el de aporte o el de base. De él dependerá en gran medida la calidad obtenida en la soldadura. Por lo general, el gas utilizado es el Dióxido de Carbono (CO_2), aunque se pueden utilizar el Argón, el Helio o una mezcla de ellos para aplicaciones específicas o particulares. Se debe poseer para la provisión de gas con flujo contínuo un sistema llamado "fluxómetro", el cual administra el caudal de gas provisto a la pistola según un valor fijado por el operador en forma previa, y lo mantiene constante durante el transcurso de la operación. Este "fluxómetro" es el mismo equipo que se utiliza en los sistemas TIG ó SMAW.

Ahora pasaremos a analizar la soldadura desde el punto de vista físico-químico. Para ello, recurriremos a la ayuda de la fig. 4.5. En ella observamos en acción un sistema de soldadura MIG. El esquema muestra un electrodo generalizado, el que puede ser macizo desnudo o recubierto, o hueco con fundente. Se ha obviado graficar el sistema de boquilla o tobera de salida de gas protector, el cual estaría por fuera del sistema de guía del electrodo esquematizado. En el sector ilustrado perteneciente a la soldadura propiamente dicha, se observan distintos sectores que a continuación analizaremos. Al generarse el arco, se eleva la temperatura y funde el material de aporte (electrodo consumible) conjuntamente con el metal base. Esto se transforma en una masa incandescente (descripta en la fig. 4.5 como metal fundido). Dicha masa está compuesta por partículas desprendidas del mismo electrodo, las cuales son transferidas al metal a soldar en las tres formas posibles analizadas anteriormente (inmersión o cortocircuito, globular y aspersión). Dicha inclusión o trans-

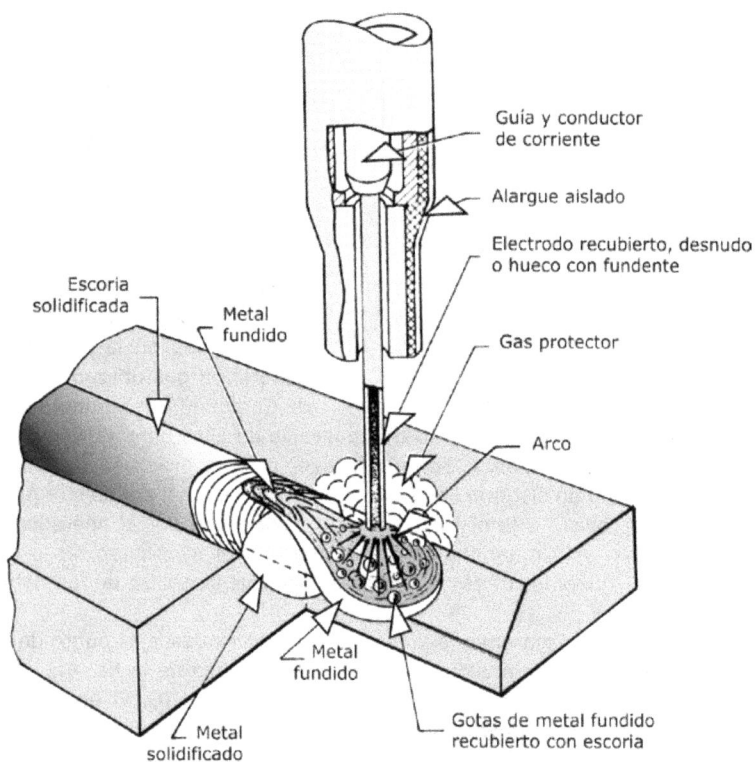

Fig. 4.5 Ilustración del proceso de fusión en la soldadura MIG

ferencia se hará bajo un gas protector, el cual puede ser por la combustión del recubrimiento (en caso de utilizar electrodo recubierto), o por la insuflación de gas protector (CO_2). En la medida que la masa pierde temperatura, la masa metálica se va solidificando. Si se utilizó electrodo recubierto, además del metal, se formará un residuo sólido de escoria sobre la costura realizada, el cual cumple la función de proteger la soldadura hasta que la misma se enfríe. Luego de ello, este residuo deberá ser retirado mecánica o químicamente.

En la Tabla 4.1 se detallan los contenidos metálicos de los electrodos según la clasificación de la American Welding Society (AWS). Los contenidos detallados corresponden a un análisis efectuado sobre el material aportado en la soldadura.

TABLA 4.1						
Código	Elementos Químicos Composición máxima [%]					
AWS	Mn	Si	Ni	Cr	Mo	V	Al
E60T-7	1,50	0,90	0,50	0,20	0,30	0,08	1,80
E60T-8	1,50	0,90	0,50	0,20	0,30	0,08	1,00
E70T-1	1,75	0,90	0,30	0,20	0,30	0,08	–
E70T-4	1,50	0,90	0,50	0,20	0,30	0,08	1,80
E70T-5	1,50	0,90	0,30	0,20	0,30	0,08	–
E70T-6	1,50	0,90	0,80	0,20	0,30	0,08	–

La letra T de los códigos AWS (Tabla 4.1) indica electrodo recubierto. Si en lugar de la T hubiese una letra S, nos estaría indicando que se trata de electrodo desnudo.

La cantidad y tipo de escoria producida dependerá en mayor medida de la clasificación o codificación del electrodo. La generación de poca cantidad de escoria estará asociada a electrodos ideados para realizar soldaduras verticales o sobre la cabeza, como también para producir costuras o cordones a muy alta velocidad.

Comenzando a soldar

Una vez detallados los aspectos fundamentales del proceso MIG, trataremos de producir buenas soldaduras. Ante todo, se deberán poseer los elementos de seguridad necesarios, tanto para la seguridad del operario como para extinguir cualquier posible foco de incendio en el local de trabajo. Este sistema genera muchas chispas y humo, por lo que será indispensable contar con buena ventilación y mantener alejado todo tipo de material combustible de la zona de trabajo. El operario, además de usar el casco con lentes de protección, deberá tener el cuerpo cubierto y protegido con ropas apropiadas abotonadas hasta el cuello.

Los equipos para soldadura MIG poseen regulaciones de velocidad de avance de electrodo, de temperatura (mediante ajuste de tensión y corriente) y de fluído de gas protector. Dichas variables deberán ser ensayadas y tenidas en cuenta para realizar el ajuste del equipo, previo al trabajo de soldadura. Esos ajustes variarán sustancialmente según el tipo de labor a realizar (material, espesor, aporte, posición, etc.). A continuación, se da un detalle de los pasos a seguir para soldar con MIG.

1. Encender el sistema de refrigeración (si se dispone).
2. Regular la velocidad de avance del electrodo.
3. Oprimir el gatillo de la pistola hasta que sobresalgan 6 mm de electrodo de la boquilla. En caso de sobrepasar dicha medida, cortar el excedente con un alicate.
4. Abrir el cilindro de gas protector.
5. Oprimir el gatillo de la pistola para purgar el aire de las mangueras y ajustar el fluxómetro al valor deseado.
6. Graduar el voltaje del equipo, corriente, etc. según el tipo y espesor de metal a unir.
7. Utilizar el método de rayado o raspado para iniciar el arco.
8. Para extinguir el arco, separar la pistola del metal o bien soltar y volver a pulsar el gatillo.
9. Si el electrodo se pega al metal, soltar el gatillo y cortar el electrodo con alicate.
10. Si se desea realizar un cordón o una costura, se deberá calentar el metal formando una zona incandescente, y luego mover la pistola a lo largo de la unión a una velocidad uniforme para producir una soldadura lisa y pareja.
11. Mantener el electrodo en el borde delantero de la zona de metal fundido, conforme al avance de la soldadura (fig. 4.5).
12. El ángulo que forme la pistola con la vertical es muy importante. Este deberá ser de no más de 5° a 10°. De no ser así, el gas no protegerá la zona de metal fundido.

BIBLIOGRAFÍA CONSULTADA

- J. A. Pender, "Soldadura", 3ª. Edición (1998).
- The James F. Lincoln Arc Welding Foundation, "Principles of Industrial Welding" (1978).
- American Welding Society, "The Welding Power Handbook", (1973).
- American Welding Society, "Manual de Soldadura", 8ª. Edición, Tomo I (1996).
- R. Finch y T. Monroe, "Welder's Handbook" (1985).
- R. Fournier, "Metal Fabricator's Handbook" (1982).
- B. F. Postman, "Safety in Installation and Use of Welding Equipment", Welding Journal (Abril de 1955).
- R. C. Voigt y C. R. Loperl Jr., "Tungsten Contamination during Gas Tungsten Arc Welding", Welding Journal (Abril de 1980).
- American Society for Metals, "Metals Handbook", Vol. VI, 9ª. Edición (1983).

LIBRO N°6
Manual de Soldadura
Soldadura Eléctrica, MIG y TIG
Pedro Claudio Rodríguez
I.S.B.N. 950-553-070-6

LIBRO N°7
Introducción a las Mediciones Eléctricas
Uso de testers, multímetros y osciloscopios
Pedro Claudio Rodríguez
I.S.B.N. 950-553-074-9

LIBRO N°8
Cables y Conductores
Su tecnología y empleo
Alberto Luis Farina
I.S.B.N. 950-553-076-5

www.ingramcontent.com/pod-product-compliance
Lightning Source LLC
Chambersburg PA
CBHW060636280326
41933CB00012B/2059